CREATIVE AQUASCAPE UNION

AQUASCAPE

LEBENDIGE KUNSTWERKE

Dähne Verlag

INHALTSVERZEICHNIS

Vorwort von Takashi Amano

Ich freue mich sehr, dass dieses Buch mit den Aquascapes der CAU aus Hongkong herauskommt. Ich durfte während der letzten vier Jahre einige dieser Layouts sehen, und ich gebe gern zu, dass die CAU auf einem wirklich hohen Level agiert – ihre Mitglieder gehören mit zu den weltbesten Aquascapern.

Aqua Design Amano organisiert den International Aquatic Plants Layout Contest seit nunmehr 11 Jahren. In den ersten Jahren hätte ich nicht gesagt, dass die Layouts aus Hongkong sonderlich gut seien, aber das Niveau der Arbeiten stieg innerhalb dieser elf Jahre in erstaunlichem Maße, und mittlerweile ist unser Wettbewerb ohne die Beiträge der CAU nicht mehr denkbar. Aquascaper aus der ganzen Welt staunen über die Errungenschaften dieser Aquarienlayoutgestalter aus Hongkong – immerhin haben sie in zwei aufeinanderfolgenden Jahren den Großen Preis abgeräumt, 2007 und 2008.

Ich denke, ich weiß, warum die Mitglieder der CAU aus Hongkong eine so gute Qualität entwickelt haben – sie nehmen sich Mutter Natur zum Vorbild, und sie widmen sich dem Hobby der Pflanzenaquaristik mit Leib und Seele. Nicht nur ihre Layouttechniken sind vorzüglich, auch ihre Fototechnik ist bemerkenswert. Jedes einzelne Layout in diesem Buch spiegelt ihre einzigartige Einstellung zum Hobby wider.

Ich wünsche ihnen, dass dieses Buch für sie einen Meilenstein darstellt, und dass sie auf diesem Weg weitergehen, den sie eingeschlagen haben. Ich hoffe, dass die Mitglieder der CAU aus Hongkong weiterhin die Weltelite der Pflanzenaquarianer anführen.

Takashi Amano

Januar 2012

今回、香港の皆さんのレイアウトをまとめた作品集が出ると聞き、たいへん素晴らしいことだと思いました。4年にわたって作られたそれらの作品を拝見しましたが、香港の皆さんのレベルは世界でもトップクラスと言えるでしょう。

世界水草レイアウトコンテストは、これまで１１年にわたって開催されてきました。最初の何年かは、香港の皆さんのレベルもあまり高くありませんでしたが、その後数年で急激にレベルアップし、現在では香港の皆さんの作品はコンテストになくてはならない存在になっています。２００７年と２００８年には、2年連続して香港の方がグランプリを獲得するなど、その輝かしい成績には目を見張るものがあります。

香港の皆さんがこれほど急激にレベルアップした理由は、自然を見る目と研究熱心さにあると思います。レイアウトの制作技術だけでなく、作品の撮影方法もよく研究されていて、こうした作品づくりに熱心に取り組む真摯な姿勢が、この作品集に収められた作品一つひとつに表れています。

この作品集を一つの記念碑として、これからも素晴らしい新たな作品を私たちに見せてください。今後、香港の皆さんが世界の水草レイアウト愛好家をリードしていくことを願っています。

Einführung

Die Geschichte der Kunstform „Aquascaping“ wird noch geschrieben. Weltweite Aquascaping-Wettbewerbe wurden erst im vergangenen Jahrzehnt ins Leben gerufen. Der erfolgreichste von ihnen wird von dem japanischen Aquarienausstatter Aqua Design Amano (ADA)[1] ausgerichtet. Der Gründer von ADA, Takashi Amano[2], kann mit Fug und Recht der Pionier des Naturaquariums genannt werden. Sein Einrichtungsstil hat das Aquascaping nachhaltig geprägt und ist weltweit anerkannt. Zuerst wurden verschiedene Pflanzengruppen lediglich zur Dekoration von Fischbecken verwendet – reine Pflanzenbecken waren unbekannt. Später zeichneten sich dann verschiedene Stilrichtungen ab: das Hollandbecken und das Naturaquarium sind die bekanntesten unter ihnen. Beim Holland-Aquarium werden die Pflanzen nach Farben und Formen gruppiert, die Gestaltung wirkt wie ein Garten. Im letzten Jahrtausend, bevor sich der Naturaquarium-Stil durchsetzte, war das Holland-Aquarium in Europa vorherrschend. Bei einigen Wettbewerben gingen die Juroren in die Häuser der Teilnehmer und schauten sich die bepflanzten Becken vor Ort an – dann kam das Internet-Zeitalter. Mehr und mehr Bilder von Naturaquarien wurden im Netz veröffentlicht, und mehr und mehr Aquarianer kamen auf den Geschmack. Die Erkenntnis, dass ein bepflanztes Aquarium auch anders aussehen kann, verbreitete sich immer weiter.

Durch das Internet entstanden viele Gruppierungen und Foren, die dann ihrerseits Wettbewerbe für bepflanzte Aquarien starteten. Die beiden wichtigsten Contests der östlichen und der westlichen Hemisphäre sind der International Aquatic Plants Layout Contest (IAPLC)[3], der von ADA abgehalten wird, und der AGA International Aquacaping Contest[4], den die Aquatic Gardeners Association (AGA)[5] organisiert. Beide ziehen eine große Zahl von Aquascapern aus aller Welt an. Seit einigen Jahren dominiert die Stilrichtung des Naturaquariums diese Wettbewerbe, und insbesondere der IAPLC gewinnt mehr und mehr Teilnehmer hinzu. Dieses Event ist mittlerweile eine Pflichtveranstaltung für die meisten Aquascaper. Das bepflanzte Aquarium hat sich von einem reinen Hobby zu einer Kunstform weiterentwickelt – viele Aquascapes werden als Kunstwerke ausgestellt. In ihnen steckt eine Menge Herzblut, und die Aquascaper verwenden viel Aufwand darauf, die Becken zu gestalten und schön zu erhalten. Mancher durchschnittliche „Normalaquarianer“ weiß diesen Aufwand nicht wirklich zu schätzen, etwa wie jemand, der sich mit Kunst nicht auskennt, einen Picasso vielleicht nicht zu schätzen weiß.

Es gibt aber doch einige Kriterien, nach denen man die Güte eines Layouts beurteilen kann. In den folgenden Kapiteln möchten wir darauf näher eingehen, was ein Aquascape eigentlich ist, welche Faktoren das Pflanzenwachstum beeinflussen, und wie sich das auf den Gesamteindruck auswirkt. Diese Kriterien helfen uns, ein gutes Aquascape zu erkennen.

Ein Aquascape unterscheidet sich jedoch auch ganz wesentlich von der Kunst, die wir üblicherweise in Galerien und Ausstellungen sehen; es enthält lebende Wesen, es entwickelt sich im Lauf der Zeit, und es ist nicht einfach nur ein einzelnes lebendiges Ding: Ein Aquascape ist eine Miniaturausgabe der Welt, sozusagen eine Kompaktausgabe davon. In dieser kleinen Welt leben Generationen von Pflanzen und Tieren in einem natürlichen Kreislauf, in einem sorgfältig hergestellten und erhaltenen Gleichgewicht.

An dieser Stelle möchte ich vier wichtige Gesichtspunkte für diese lebende Kunstform erwähnen: Kreativität, Ästhetik, Geschick und das richtige Timing.

Gary Wu

2012

1 ADA Nature Aquarium – Aqua Design Amano Co., Ltd (http://www.adana.co.jp/en/)

2 Takashi Amano (http://www.amanotakashi.net/)

3 Der International Aquatic Plants Layout Contest (http://en.iaplc.com/)

4 Der AGA International Aquascaping Contest (http://showcase.aquatic-gardeners.org/)

5 Die Aquatic Gardeners Association (http://www.aquatic-gardeners.org/)

Über die CAU

Die Creative Aquascape Union wurde 2005 von einer Gruppe Aquascaper in Hongkong gegründet, mit dem Zweck, eine internetbasierte Plattform zu schaffen, die dieses Hobby, diese lebendige Kunstform, einem breiteren Kreis von Interessenten zugänglich macht. Mit einem einfachen Internet-Blog wäre das längst nicht so gut möglich gewesen. Bevor wir diese Plattform hatten, konnten die meisten Aquascaper bei uns in Hongkong ihre Arbeiten und Artikel nur in Aquaristikforen veröffentlichen und natürlich an internationalen Wettbewerben teilnehmen. Manche unserer Mitglieder erzielten dabei auch sehr ermutigende Ergebnisse, aber es gab keine Plattform, auf der diese Preise, Platzierungen und preisgekrönten Aquascapes zu bewundern waren. In Internetforen gehen solche Beiträge sehr schnell unter, weil andere, neuere Threads sie verdrängen, und sie sind auch nicht einfach wiederzufinden. Geradezu unmöglich ist es, all diese nützlichen Informationen und Bilder in einem Forum an einer Stelle zu versammeln.

Bei der Gründung der CAU machten wir es uns zum Prinzip, möglichst viele Aspekte unseres Hobbys abzudecken. Nach einer längeren Diskussion beschlossen wir, Fotos von Aquascapes und sämtliche praktischen Informationen und Artikel zur Thematik Einrichtung und Aquarienfotografie sowie die interessantesten Bestandteile unserer Aquascape-Sammlung in diese Plattform zu integrieren. Im Mai 2006 war es dann offiziell: Die Webseite ging an den Start. Um sie rasch bekannt zu machen, veröffentlichten wir eine Serie über unsere neuesten Aquascapes: „Venturing into the Whole World Series – Aufbruch in die weite Welt." Diese Werke erhielten viel positive Resonanz in verschiedenen Foren. Aquarianer in aller Welt wurden so auf die CAU aufmerksam. Nach wenigen Jahren haben wir nun über 10.000 registrierte Mitglieder und auf der Seite haben wir täglich über 10.000 Klicks von fast überall aus der Welt.

Da aus der ganzen Welt auf unsere Seite zugegriffen wurde, ging 2007 die englische Version online. Dadurch entstand eine noch breiter aufgestellte Gemeinschaft von Menschen aus verschiedenen Ländern. Im selben Jahr nahm die CAU die schönsten Aquascapes weltweit in die VIP-Gästegalerie auf; so wurde auch die Galerie internationaler. Die Abkürzung der Creative Aquascape Union, die Buchstaben CAU, wurde zu einem Symbol, zu einem Markennamen in der Aquascaperszene. In den letzten Jahren hat unser Team nicht nur an vielen internationalen Aquascaping-Wettbewerben teilgenommen, sondern wir wurden auch von Aquascaping-Contests vor Ort als Preisrichter eingeladen. Das zeigt die Bedeutung, die das Team der CAU in dieser Szene mittlerweile erreicht hat.

Der „harte Kern" der CAU kommt aus verschiedenen Berufsfeldern: der eine hat ein Aquaristikgeschäft, der andere arbeitet im Bereich Design und Verlagswesen, einer ist Film- und Fernsehproduzent, und wieder ein anderer ist im IT-Bereich tätig. So unterschiedlich diese Berufszweige sind, das Hobby bringt uns zusammen. Wir treffen uns oft, teilen uns gegenseitig unsere Erfahrungen mit und lernen voneinander. So kann man Fehler vermeiden und das Geschick beim Einrichten schulen. Die Ergebnisse unserer Mitglieder, die sie bei diversen Aquascaping-Wettbewerben in den letzten Jahren erzielt haben, sprechen für sich.

Alan Chan

Meine Kenntnisse im Bereich Design helfen mir, die Natur kreativ darzustellen.

Barry Lui

Beim Aquascapen empfinde ich ein Gefühl des Friedens.

Cliff Hui

Mutter Natur ist meine Inspiration.

Dave Chow

Lasst uns Aquascaping als lebendige Kunstform bekannt machen.

Eric Cheng

Ich freue mich, anderen dieses schöne Hobby nahezubringen.

Gary Wu

Außerhalb der Grenzen denken ist mein Grundsatz.

CAU
CREATIVE AQUASCAPE UNION

Harry Kwong

Durch das Aquascaping verstehen die Menschen die Natur viel besser.

Justin Law

Diese kleine Welt durch eine Kameralinse zu sehen macht einfach Spaß.

Tony Wong

Dieses Hobby bringt ganz unterschiedliche Kulturen zusammen.

Wayne Sham

Ein Aquascape muss immer ausgewogen sein.

WERKSCHAU

2005

DAVE CHOW*

NATURE, ENDURE FOREVER
AGA 2005 Aquatic Garden – Extra Large:
Dritter Platz

GARY WU*

ROCKY MOUNTAIN
AGA 2005 Aquatic Garden – Medium:
Dritter Platz

JUSTIN LAW

SECRET GARDEN
AGA 2005 Aquatic Garden – Small:
Erster Platz
AGA 2005 Aquatic Garden – Small:
Best of Show

WAYNE SHAM*

RAINBOW GARDEN
CNFISH CHINA 2005:
Ehrenvolle Erwähnung

WAYNE SHAM*

WIND, FOREST, FIRE AND MOUNTAIN
ADA IAPLC 2005 Silbermedaille: 4
AGA 2005 Aquatic Garden – Medium:
Zweiter Platz

2006

BARRY LUI

SPRING SUNRISE
AGA 2006 Aquatic Garden – Medium:
Dritter Platz

DAVE CHOW

VERNAL EQUINOX
AGA 2006 Aquatic Garden – Extra Large:
Dritter Platz

GARY WU

WATERFALL
CNFISH China 2006: Großer Preis

JUSTIN LAW

SUMMER DANCE
AGA 2006 Aquatic Garden – Small:
Erster Platz
AGA 2006 Aquatic Garden – Small:
Best of Show
ADA IAPLC 2006 Ehrenpreis: 26

WAYNE SHAM

WIND, FOREST, FIRE AND MOUNTAIN
ADA IAPLC 2005 Silbermedaille: 4
AGA 2005 Aquatic Garden – Medium:
Zweiter Platz

WAYNE SHAM

MAGIC STAGE
AGA 2006 Aquatic Garden – Large:
Zweiter Platz
AQUAPLANTA 2006: Zweiter Platz
CADE China 2006: Großer Preis

2007

ALAN CHAN

SHIRAKAMI SANCHI BEECH FOREST
AGA 2007 Aquatic Garden – Small:
Ehrenvolle Erwähnung

CLIFF HUI

FIELD OF DREAM
ADA IAPLC 2007 Silbermedaille: 3
AGA 2007 Aquatic Garden – Medium:
Erster Platz

DAVE CHOW

ASHY RANGE
ADA IAPLC 2007 Großer Preis: 1
AGA 2007 Aquatic Garden – Large:
Erster Platz
AGA 2007 Aquatic Garden – Large:
Best of Show

DAVE CHOW & SUSANNA CHEUNG

FAIRY VALLEY
AGA 2007 Aquatic Garden – Small:
Zweiter Platz

ERIC CHENG

WHITE JADE MOUNTAIN
ADA IAPLC 2007 Ehrenpreis: 8

WAYNE SHAM*

THE ASIAN MYTHOLOGY
AGA 2007 Aquatic Garden – Small:
Zweiter Platz

2008

Cliff Hui

DESTINY

ADA IAPLC 2008 Silbermedaille: 4
AGA 2009 Aquatic Garden – Medium: Erster Platz

Dave Chow

ROAD OF SAMSARA

AGA 2008 Aquatic Garden – Large: Ehrenvolle Erwähnung

Dave Chow

FLIES THE DRAGON

ADA IAPLC 2008 Ehrenpreis: 49
AGA 2008 Aquatic Garden – Extra Large: Erster Platz
AGA 2008 Aquatic Garden – Extra Large: Best of Show

Gary Wu

GLACIER VALLEY

AGA 2008 Aquatic Garden – Extra Large: Zweiter Platz

Harry Kwong

RHYTHM OF NATURE

AGA 2008 Aquatic Garden – Medium: Zweiter Platz

Tony Wong

UTOPIA

ADA IAPLC 2008 Ehrenpreis: 17

2009

Cliff Hui

TREASURE

ADA IAPLC 2009 Ehrenpreis: 13
AGA 2009 Aquatic Garden – Large: Zweiter Platz
CTA China 2009: Erster Platz

Dave Chow

TOWERING PEAKS

ADA IAPLC 2009 Bronzemedaille: 6
AGA 2009 Aquatic Garden – Extra Large: Dritter Platz
CTA China 2009: Zweiter Platz

Gary Wu

BEYOND THE NATURE

AGA 2009 Aquatic Garden – Extra Large: Dritter Platz

Tony Wong

SOYOU CANYON

CTA China 2009: Fünfter Platz

2010

Cliff Hui

PRIMARY

AGA 2010 Aquatic Garden – Large: Zweiter Platz

Dave Chow

LOFTY SPIRIT

ADA IAPLC 2010 Ehrenpreis: 18

Gary Wu

VINE

ADA IAPLC 2010 Ehrenpreis: 20

2011

Cliff Hui

ALONGSIDE

ADA IAPLC 2011 Silbermedaille: 4
AGA 2011 Aquatic Garden – 200-320 L: Erster Platz
AGA 2011 Aquatic Garden – 200-320 L: Best of Show

Dave Chow

VERVE

ADA IAPLC 2011 Bronzemedaille: 7

Dave Chow

FIRMAMENT

ADA IAPLC 2011 Ehrenpreis: 14
AGA 2011 Aquatic Garden – 120-200 L: Erster Platz

Tony Wong

PILLAR CLIFF GLORY

ADA IAPLC 2011 Ehrenpreis: 9
AGA 2011 Aquatic Garden – 200-320 L: Dritter Platz

Dave Chow

A MIRAGE

AGA 2011 Aquatic Garden – über 320 L: Dritter Platz

* Diese Layouts sind nicht im Buch enthalten.

KREATIVITÄT

Kreativität kennt keine Grenzen. Wenn wir bei der Erschaffung an ein Kunstwerk strenge Kriterien anlegen, wird die Fantasie eingeschränkt. Ein innovativer Ansatz oder ein neuartiges Element in einem Layout bricht schon fast zwangsläufig mit der Tradition. Zwei meiner Lieblings-Scapes der vergangenen Jahre fielen unter dieses Kriterium. Bei „Seashore“ gab es Lichteffekte wie an der Meeresoberfläche, und für „Waterfall“ wurden Sand und Filterwatte benutzt, um Weißwasser zu imitieren. Das war noch niemals zuvor versucht worden. Erst seit wenigen Jahren gibt es solche kreativen Querdenker, die neue Elemente und Methoden für die Gestaltung eines Aquascape verwenden. Wenn uns nur das Pflanzenarrangement wichtig ist, erscheinen diese beiden Layouts nicht als etwas Besonderes. Bezieht man jedoch die harmonische Landschaftsgestaltung in das Urteil ein, so sind diese Kreationen wirklich eindrucksvoll.

„Seashore“

Darf ein Aquascape nur eine Unterwasserlandschaft abbilden?

Wenn das Aquarium hauptsächlich dem Zweck der Fischhaltung dienen soll, muss unser Ziel sein, den Tieren ein gutes Umfeld zu schaffen. Daher sollte das Becken dem Ursprungshabitat entsprechend ähnlich sehen. Nicht alle diese Habitate sehen jedoch präsentabel aus. Oft leben die Tiere in der Natur in einem kleinen Teich oder in der Uferzone eines Flusses in einem Haufen brauner zerfallender Blätter. Selten gibt es in diesen Biotopen kristallklares Wasser und saftig grüne Pflanzen. Auch verschmutzt oft Zivilisationsmüll den natürlichen Lebensraum.

„Waterfall“

Oft genug stammen unsere Tiere auch nicht mehr aus der Natur, sondern von Zuchtfarmen, und viele von ihnen entsprechen nicht mehr der Naturform. Sie kennen ihre natürlichen Habitate gar nicht mehr. Die meisten Aquarien, die in unseren Wohnzimmern stehen, werden ohnehin nach unseren Wünschen eingerichtet. Wir ordnen die Pflanzen an, wir legen die Farbkombination fest, platzieren eine Pflanzengruppe oder wählen aufgrund einer bestimmten Eigenschaft aus. In den meisten Fällen ist nicht unser Hauptanliegen, die Natur im Habitat nachzubilden, sondern das Becken soll unserem ästhetischen Empfinden entsprechen.

Nicht viele Aquarien werden nach den Verhältnissen in der Natur gestaltet – aber sehr viele spiegeln dennoch eine natürliche Szenerie im Becken wider; in einigen sind die Pflanzen auch nur nach dem individuellen Geschmack des Gestalters angeordnet. Ihnen allen ist eines gemein: In diesem Becken wird ein Ökosystem geschaffen, und wenn die Beckenbiologie nicht im Gleichgewicht ist, können Tiere und Pflanzen darin nicht überleben. Dieser Aspekt ist nicht nur bei Aquascapes zu berücksichtigen, sondern gilt für alle Aquarianer. Wir schaffen schließlich ein lebendiges Umfeld für die Beckenbewohner. Viele

Aquascapes und Pflanzenaquarien werden nicht so stark gefiltert wie reine Zuchtbecken. In ihnen ergänzen sich die Pflanzen und Tiere, sie sind Teil des biologischen Kreislaufs. Anders als bei einem reinen Fischbecken ist die Filterleistung nicht ganz so wichtig, weil die Pflanzen ihren Teil zur Wasserklärung beitragen.

In einem Naturaquarium wird aber nicht nur der natürliche ökologische Kreislauf nachgebildet, sondern auch die Natur selbst. Dieses Abbild der Natur in Klein ist aber meist keine Unterwasseransicht, sondern empfindet oft einen Garten nach oder eine Landschaft; manchmal ist ein Flusslauf zu erkennen, manchmal auch ein Weg. Manche Aquascapes gleichen einem Zen-Garten. All das lässt sich mit Landschaften, die man unter Wasser vorfindet, nicht verwirklichen. Ein Aquascape unterliegt anderen Aspekten, seine Einrichtung ist dem Gartendesign ähnlich. Der Unterschied ist lediglich, dass ein Gartendesigner in der offenen Natur arbeitet, wo der Garten in einer Beziehung zu seiner Umgebung steht. Ein Aquarium stellt dagegen ein praktisch abgeschlossenes System dar. Verdunstetes Wasser wird nicht automatisch ersetzt, und auch Frischwasser findet nicht von selbst den Weg ins Becken. Wenn der Mensch nicht durch regelmäßige Wasserwechsel eingreift, sind das Filtersystem und die Bepflanzung der einzige Weg, um das Wasser zu klären und lebensfreundlich zu erhalten. Anders als in der Natur, ist dies im Aquarium auf lange Sicht gesehen aber recht schwierig.

Verschiedene Aquascapes: bunte Gärten, Berg- und Hügellandschaften ....

Die Hardscape

Dem Aquascaper steht außer Pflanzen noch die sogenannte Hardscape zur Gestaltung eines Layouts zur Verfügung. Wenn man ein Design mit Pflanzen plant, sollte man sich auf solche Materialien beschränken, die die Wasserqualität nicht oder zumindest nicht übermäßig beeinflussen. Wenn z.B. ein bestimmtes Gestein Mineralstoffe ans Wasser abgibt, kann die Wasserqualität mehr oder weniger stark schwanken – und es ist mühsam und zeitraubend, dies wieder auszugleichen. Wenn sich die Wasserqualität nicht stark verändert, kann man eventuell durch häufigere Wasserwechsel gegensteuern. Falls dies nicht fruchtet, muss das fragliche Material wieder aus dem Becken genommen werden, damit die Tiere und Pflanzen darin nicht unter der sich verschlechternden Wasserqualität leiden. Wir sind also in der Wahl der Layout-Materialien eingeschränkt. Wenn man neue Materialien findet, müssen diese erst einmal auf ihre Tauglichkeit hin getestet werden. Da sich Mineralstoffe oft nur langsam lösen, kann es zum Teil Monate dauern, bis man unter Testbedingungen herausfindet, ob sich das Material zum Einsatz in einem Aquascape eignet oder nicht. Es gibt auch bei bereits bekannten Hölzern oder Steinen keine Garantie, dass alles immer problemlos läuft, es handelt sich eben immer um Naturmaterialien, die nicht zwangsläufig immer dieselben Eigenschaften besitzen müssen. Je nach Fundort können sie sehr unterschiedlich sein. Holz kann beispielsweise noch Harz enthalten oder bereits an manchen Stellen zu verrotten beginnen. Manche Holzarten enthalten mehr Huminsäuren als andere und können das Wasser zu stark ansäuern. Steine dagegen können das Wasser durch einen hohen Kalkgehalt aufhärten. Aber nicht nur die Eigenschaften der Hardscape schränken uns bei einer Gestaltung ein, es eignet sich auch nicht jede Form für jedes geplante Layout. Wir müssen uns also nach guten Quellen für Dekorationsmaterialien umsehen. Einmal gefällt uns ein und dasselbe Hardscape-Stück für ein Layout, ein andermal nicht. Die sorgfältige Auswahl dieser Dekorationsmaterialien ist daher umso wichtiger.

Farbe, Form und Stimmung

Es gibt bei Aquascapes verschiedene Stilrichtungen. Wenn man aber diese Begrenzungen durchbricht, bieten sich noch weit mehr Gestaltungsmöglichkeiten. Und das gilt nicht nur für die Form – durch die Farbe und die Stimmung, die eine Gestaltung vermittelt, kann man noch stärker variieren.

Verweilen wir jedoch noch etwas bei der Form. Pflanzen kann man in verschiedenen Anordnungen setzen, sei es im Kreis, in einem Dreieck, als Hügel oder in der Form eines Baumes ... Im Gartenbau werden Büsche oft in Form geschnitten und manchmal sogar in Tierform gestaltet. Im Aquascaping hat sich dies noch nicht durchgesetzt. Hier schneidet man oft in Kugelform oder nach hinten ansteigend, nach oben oder nach unten gewölbt. So lassen sich sehr einfach Layoutformen schaffen, die gut mit der Hardscape harmonieren. Neue Formen wie Sechsecke, Pyramiden et cetera bieten hier auch wieder viele unterschiedliche Gestaltungsmöglichkeiten.

Bei der Farbe gibt es auch traditionell keinerlei Beschränkungen. Mit ihr kann man eine bestimmte Stimmung erzeugen – rote Pflanzen vermitteln beispielsweise das Gefühl von Wärme, mit weißem

Aquascape mit ausgefallener Hardscape
Eric Cheng "植川繡"

Harry Kwong „Green Morning"

Pissarro Wong „The Leaping Rocks“

Sand kann man diesen Kontrast noch verstärken. Vorherrschend grüne Farbtöne in einem Pflanzenbecken vermitteln eine friedliche und entspannte Stimmung.

Manchmal verwendet man im Hintergrund eine andere Farbe, um die Aquascape noch etwas kontrastreicher zu gestalten. Auch durch verschiedene Arten der Beleuchtung kann man die Stimmung variieren. „The Leaping Rocks“ ist ein Layout, das vom CAU-Mitglied Pissarro Wong gestaltet wurde. Er verwendet verschiedene Texturen in diesem farbenfrohen Layout und durchbricht die Regel, dass Formen mit Pflanzen gestaltet werden. Der Vordergrund ist mit einer großen Zahl einander ähnlicher Steine strukturiert. Dadurch bringt er Elemente aus dem Grafikdesign ein. In meinem eigenen Layout „Cross over are Unique“ verwende ich zwei verschieden gefärbte Pflanzenarten mit sehr ähnlicher Blattform; ihre Anordnung ergibt zusammen mit einem Stein die drei Buchstaben C, A und U, die Abkürzung der Creative Aquascape Union. Diese Art der Gestaltung sieht man nicht oft in einem Aquascape. Von *Rotala rotundifolia* habe ich die rote Form verwendet. In der Woche vor der Aufnahme reduzierte

Gary Wu „Crossover are Unique“

ich die Lichtstärke über diesem Scape, damit die Endknospen etwas grünlich werden. So ergibt sich noch ein zusätzlicher Farbeffekt. Darauf, wie die Farbe die Stimmung beeinflusst, möchte ich im nächsten Absatz, „Definition der Ästhetik“, näher eingehen.

Das eigene Stilempfinden in ein Aquascape einzubringen ist etwas abstrakt ausgedrückt. Ich sage das lieber folgendermaßen: Was fühle ich, wenn ich dieses Becken betrachte? Was möchte mir der Künstler sagen? Ein Layout, das einen frischen Morgen vermitteln soll, sollte beispielsweise ein ausgewogenes Spiel von Licht und Schatten aufweisen. Um einen bestimmten Eindruck zu erwecken, reicht oft schon der Einsatz von einfachen Formen oder Farben, oder eine Mischung dieser Elemente. Dieser künstlerische Anspruch des Aquascaping ist für uns Scaper eine große Herausforderung.

Dave Chow „Winding River“

Gary Wu „Nest"

Das Künstliche mit dem Natürlichen verbinden

Künstlich Hergestelltes sieht nun einmal einfach nicht aus, als stamme es aus der Natur. Man kann es allerdings auch unter einem anderen Blickwinkel betrachten – alles Zubehör, das wir im Aquarium nutzen, der Filter, die Beleuchtung, sogar unser Becken selbst – sie alle stammen nicht aus der Natur. Die Pflanzen und Tiere stammen sehr wahrscheinlich von einer Farm – all das wurde aufgrund einer Nachfrage produziert, und im Prinzip unterscheiden sie sich einzig durch ihren Zweck – die dekorative oder die technische Funktion.

Es ist gar nicht so schwierig, ein künstliches Element natürlich wirken zu lassen oder es harmonisch in das Aquascape zu integrieren. Man kann es beispielsweise hinter Pflanzen verstecken oder durch eine Bepflanzung optisch verschwinden lassen. Ein einfaches Beispiel: Natürlich kann man die Verrohrung einfach aus dem Becken nehmen, wenn ein Bild gemacht wird, man kann sie aber auch mit Moos bewachsen lassen. Dann fällt sie gar nicht mehr auf. Manchmal kann man auch ein künstliches Element als optischen Schwerpunkt setzen – wie Oliver Knott es sehr erfolgreich mit seiner großen Buddhafigur tat. Oliver Knott ist ein sehr erfolgreicher Aquariendesigner; seine Layouts spielen oft mit künstlichen Elementen. In China werden gern Tonfiguren in Aquascapes verwendet, wie beispielsweise Angler, steinerne Brücken oder Pagoden. Diese Art der Dekoration findet nicht überall Anklang, aber sie kann uns dennoch inspirieren und uns auf neue Wege bringen. Etwas zu erschaffen, heißt es zu erforschen – ich möchte hier nur grob eine Richtung anreißen. Wir sollten weiterhin kreativ und innovativ „um die Ecke denken" – so bleibt der Gestaltungsprozess spannend, und wenn man sein Werk aus einem anderen Blickwinkel betrachtet, öffnen sich oft ganz neue Gesichtspunkte.

Oliver Knott „Nano Buddha"

Gary Wu
2008

Titel GLACIER VALLEY
Format 152 cm x 51 cm x 58 cm
Award AGA 2008 Aquatic Garden – Extra Large: Zweiter Platz

Pflanzen
1. *Bryum billardieri*
2. *Eleocharis* sp. „parvula“
3. *Monosolenium tenerum* „Pellia“
4. *Taxiphyllum* sp.
5. *Taxiphyllum* sp. „Flame Moss“
6. *Vesicularia* sp.

Tierbesatz
1. *Caridina multidentata*
2. *Hemigrammus rhodostomus*
3. *Neocaridina* sp. „Blue“

Cliff Hui

2007

Titel **FIELD OF DREAM**
Format 100 cm x 40 cm x 40 cm
Award ADA IAPLC 2007 Silbermedaille: 3
AGA 2007 Aquatic Garden – Medium: Erster Platz

Pflanzen

1. *Echinodorus tenellus*
2. *Glossostigma elatinoides*
3. *Hemianthus callitrichoides* „Cuba"
4. *Hemianthus micranthemoides*
5. *Ludwigia brevipes*
6. *Rotala rotundifolia*
7. *Vesicularia* sp. Taiwan

Tierbesatz

1. *Ancistrus* sp.
2. *Crossocheilus siamensis*
3. *Hyphessobrycon herbertaxelrodi*

Tony Wong

2008

Titel **UTOPIA**
Format 90 cm x 45 cm x 45 cm
Award ADA IAPLC 2008 Ehrenpreis: 17

Pflanzen

1. *Cryptocoryne wendtii* „Brown“
2. *Echinodorus tenellus*
3. *Ludwigia arcuata*
4. *Micranthemum micranthemoides*
5. *Vesicularia* sp. „Christmas“

Tierbesatz

1. *Hemigrammus bleheri*

DAVE CHOW

2011

TITEL **FIRMAMENT**
FORMAT 100 cm x 45 cm x 40 cm
AWARD ADA IAPLC 2011 Ehrenpreis: 14
AGA 2011 Aquatic Garden – 120-200 L:
Erster Platz

PFLANZEN

1. *Elatine triandra*
2. *Hemianthus callitrichoides*
3. *Utricularia graminifolia*

TIERBESATZ

1. *Clithon* sp. Burnble
2. *Otocinclus affinis*
3. *Paracheirodon simulans*

Alan Chan

2007

Titel **SHIRAKAMI SANCHI BEECH FOREST**
Format 60 cm x 30 cm x 36 cm
Award AGA 2007 Aquatic Garden – Small: Ehrenvolle Erwähnung

Pflanzen

1. *Acorus gramineus* var. *pusillus*
2. *Anubias barteri* var. *nana* „Petite“
3. *Bolbitis heudelotii*
4. *Fontinalis antipyretica*
5. *Vesicularia dubyana*
6. *Vesicularia reticulata*
7. *Vesicularia* sp. „Christmas“

Tierbesatz

1. *Hemigrammus rhodostomus*
2. *Crossocheilus siamensis*

Gary Wu

2009

Titel **WINTER REVEAL**

Format 60 cm x 30 cm x 36 cm

Pflanzen

1. *Bolbitis heudelotii*
2. *Cyperus helferi*
3. *Echinodorus tenellus*
4. *Eriocaulon sexangulare*
5. *Monosolenium tenerum* „Pellia"

Tierbesatz

1. *Rasbora heteromorpha*
2. *Hasemania nana*

Dave Chow

2007

Titel **ASHY RANGE**
Format 120 cm x 60 cm x 45 cm
Award ADA IAPLC 2007 Großer Preis: 1
AGA 2007 Aquatic Garden – Large: Erster Platz
AGA 2007 Aquatic Garden – Large: Best of Show

Pflanzen

1. *Aponogeton* sp.
2. *Echinodorus tenellus*
3. *Microsorum pteropus* Narrow
4. *Nymphaea lotus* Zenkeri
5. *Nymphaea* sp.
6. *Rotala* sp. Vietnam
7. *Taxiphyllum* sp.
8. *Utricularia graminifolia*
9. *Vallisneria nana*
10. *Vesicularia ferriei*

Tierbesatz

1. *Crossocheilus siamensis*
2. *Neocardina* sp.
3. *Otocinclus affinis*
4. *Puntius denisonii*

ERIC CHENG
2007

TITEL **WHITE JADE MOUNTAIN**
FORMAT 120 cm x 45 cm x 45 cm
AWARD ADA IAPLC 2007 Ehrenpreis: 8

PFLANZEN

1. *Bacopa* sp. „Pink"
2. *Bolbitis heudelotii*
3. *Myriophyllum aquaticum*
4. *Crypocoryne becketii*
5. *Eusteralis stellata*
6. *Fissidens japonicus*
7. *Hemianthus micranthemoides*
8. *Hygrophila polysperma* var.
9. *Juncus repens*
10. *Lobelia cardinalis*
11. *Ludwigia arcuata*
12. *Ludwigia brevipes*
13. *Ludwigia repens*
14. *Polygonum* sp.
15. *Riccardia chamedryfolia*
16. *Rotala macrandra* „var"
17. *Rotala rotundifolia*

18. *Rotala rotundifolia* „Green"
19. *Taxiphyllum* sp.
20. *Utricularia graminifolia*
21. *Vesicularia ferriei*
22. *Vesicularia reticulata*

Tierbesatz

1. *Crossocheilus siamensis*
2. *Hyphessobrycon amandae*
3. *Hyphessobrycon callistus*
4. *Otocinclus vestitus*
5. *Pseudotocinclus affinis*

CLIFF HUI
2008

TITEL DESTINY
FORMAT 90 cm x 45 cm x 45 cm
AWARD ADA IAPLC 2008 Silbermedaille: 4
AGA 2009 Aquatic Garden – Medium: Erster Platz

PFLANZEN

1. *Elatine triandra* Schk.
2. *Eleocharis acicularis*
3. *Eleocharis minima* Kunth
4. *Glossostigma elatinoides*
5. *Hemianthus micranthemoides*
6. *Hypnum plumaeforme* Wils
7. *Lilaeopsis novae-zelandia*
8. *Microsorium* sp. Narrow
9. *Monosoienium tenerum* Griff
10. *Rotala pusilla* „From Goias“
11. *Vesicularia* sp.

TIERBESATZ

1. *Caridina* cf. *cantonensis* „Blue Tiger“
2. *Caridina multidentata*
3. *Nannostomus nitidus*
4. *Otocinclus macrospilus*
5. *Petitella georgiae*

Gary Wu
2008

Titel **FOUNDATION**
Format 152 cm x 51 cm x 58 cm

Pflanzen

1. *Eleocharis acicularis*
2. *Eleocharis* sp. „parvula“
3. *Fissidens fontanus*
4. *Hemianthus callitrichoides*
5. *Hydrocotyle sibthorpioides* „Maritima“
6. *Hygrophila corymbosa* „Compact“
7. *Micranthemum micranthemoides*
8. *Taxiphyllum* sp. „Flame Moss“
9. *Taxiphyllum* sp. „Spiky Moss“
10. *Vesicularia dubyana*
11. *Vesicularia* sp.

Tierbesatz

1. *Hasemania nana*
2. *Moenkhausia pittieri*
3. *Neocaridina* sp. „Blue“
4. *Neritina natalensis*

GARY WU

2007

TITEL **A TREE'S LIFE**

FORMAT 152 cm x 51 cm x 58 cm

PFLANZEN

1. *Anubias barteri* var. *nana*
2. *Bolbitis heudelotii*
3. *Cyperus helferi*
4. *Taxiphyllum* sp. „Giant Moss“
5. *Fontinalis antipyretica*
6. *Hemianthus micranthemoides*
7. *Isopterygium* sp.
8. *Microsorum* „Narrow“
9. *Monosolenium tenerum*
10. *Fissidens fontanus*
11. *Riccia fluitans*
12. *Taxiphyllum barbieri*
13. *Vesicularia* sp.

TIERBESATZ

1. *Hyphessobrycon amandae*
2. *Otocinclus affinis*
3. *Rasbora heteromorpha*

Harry Kwong
2007

Titel **MORNING SIDE OF THE MOUNTAIN**
Format 61 cm x 20 cm x 19 cm

Pflanzen

1. *Echinodorus tenellus*
2. *Eleocharis azurea*
3. *Hemianthus callitrichoides*
4. *Lilaeopsis macloviana*
5. *Vesicularia antipyretica*
6. *Vesicularia ferriei*

Tierbesatz

1. *Hemigrammus rodwayi* var.
2. *Neocaridina* sp. Blue

Alan Chan
2006

Titel **WILD LAND**
Format 35 cm x 23 cm x 25 cm

Pflanzen
1. *Echinodorus tenellus*
2. *Eleocharis acicularis*
3. *Glossostigma elatinoides*

Tierbesatz
1. *Caridina multidentata*
2. *Crossocheilus siamensis*
3. *Poropanchax normain*

DAVE CHOW & SUSANNA CHEUNG
2007

TITEL **FAIRY VALLEY**
FORMAT 60 cm x 45 cm x 45 cm
AWARD AGA 2007 Aquatic Garden – Small: Zweiter Platz

PFLANZEN

1. *Anubias barteri* var. *nana*
2. *Vesicularia ferriei*
3. *Eleocharis acicularis*
4. *Eleocharis minima*
5. *Microsorum pteropus* Philippine
6. *Fissidens* sp.
7. *Hygrophila corymbosa* Compact
8. *Taxiphyllum* sp.
9. *Utricularia graminifolia*
10. *Marsilea hirsuta*

TIERBESATZ

1. *Nannostomus trifasciatus*
2. *Neocaridina* sp.
3. *Otocinclus affinis*
4. *Pterophyllum altum*

Eric Cheng
2007

Titel **NIGHT OF RAINBOW**
Format 150 cm x 53 cm x 57 cm

Pflanzen

1. *Ammannia gracilis*
2. *Bacopa* sp. „Pink“
3. *Blyxa novoguineensis*
4. *Myriophyllum aquaticum*
5. *Cryptocoryne wendtii*
6. *Echinodorus tenellus*
7. *Eusteralis stellata*
8. *Hydrilla verticilata*
9. *Hygrophila polysperma* var.
10. *Ludwigia brevipes*
11. *Microsorum* sp.
12. *Nymphaea* sp.
13. *Rotala macrandra*
14. *Rotala wallichii*
15. *Vesicularia* sp.
16. *Vesicularia* sp. „reticulata“

Tierbesatz

1. *Barbus titteya*
2. *Clithon retropictus*
3. *Gyrinocheilus aymonieri*
4. *Hyphessobrycon callistus*
5. *Crossocheilus siamensis*
6. *Tetraodon travancorius*

Gary Wu
2009

Titel	**BEYOND THE NATURE**
Format	152 cm x 51 cm x 58 cm
Award	AGA 2009 Aquatic Garden – Extra Large: Dritter Platz

Pflanzen
1. *Blyxa echinosperma*
2. *Eleocharis* sp. „parvula“
3. *Staurogyne* sp.
4. *Taxiphyllum* sp. „Flame Moss“
5. *Vesicularia* sp.

Tierbesatz
1. *Caridina multidentata*
2. *Hyphessobrycon herbertaxelrodi*
3. *Neocaridina* sp. „Blue“
4. *Otocinclus affinis*

Cliff Hui

2011

Titel **ALONGSIDE**

Format 120 cm x 45 cm x 50 cm

Award ADA IAPLC 2011 Silbermedaille: 4
AGA 2011 Aquatic Garden – 200-320 L: Erster Platz
AGA 2011 Aquatic Garden – 200-320 L: Best of Show

Pflanzen

1. *Echinodorus tenellus*
2. *Fissidens fontanus*
3. *Glossostigma elatinoides*
4. *Hemianthus callitrichoides* „Cuba“
5. *Hydrocotyle sibthorpioides* „Maritima“
6. *Limnophila aromatica*
7. *Micranthemum micranthemoides*
8. *Microsorum* „Narrow“
9. *Monosolenium tenerum*
10. *Riccia fluitans*
11. *Rotala rotundifolia* „Red“
12. *Vesicularia ferriei*
13. *Vesicularia* sp. „Christmas“

Tierbesatz

1. *Caridina multidentata*
2. *Nannostomus beckfordi*
3. *Otocinclus affinis*
4. *Paracheirodon innesi*

Gary Wu
2009

Titel **GLOOMY SEASON**
Format 152 cm x 51 cm x 58 cm

Pflanzen
1. *Blyxa echinosperma*
2. *Bolbitis heudelotii*
3. *Eleocharis parvula*
4. *Hemianthus micranthemoides*
5. *Microsorum pteropus* „Narrow Leaf"
6. *Monosolenium tenerum* „Pellia"
7. *Staurogyne* sp.
8. *Vesicularia* sp.

Tierbesatz
1. *Crossocheilus siamensis*
2. *Hyphessobrycon herbertaxelrodi*
3. *Nematobrycon palmeri*
4. *Neocaridina* sp. „Blue"
5. *Otocinclus affinis*

Gary Wu

2006

Titel	**WATERFALL**
Format	152 cm x 51 cm x 58 cm
Award	CNFISH China 2006: Großer Preis

Pflanzen

1. *Anubias barteri* var. *nana*
2. *Blyxa japonica*
3. *Bolbitis heudelotii*
4. *Echinodorus tenellus*
5. *Eleocharis acicularis*
6. *Eriocaulaceae* sp.
7. *Fontinalis antipyretica*
8. *Hemianthus callitrichoides*
9. *Hydrocotyle sibthorpioides* „Maritima"
10. *Lilaeopsis novae-zelandiae*
11. *Mayaca* sp. von Belem
12. *Myriophyllum mattogrossense*
13. *Ranunculus papulentus*
14. *Riccia fluitans*
15. *Rotala rotundifolia*
16. *Rotala* sp. „Green"
17. *Rotala* sp.
18. *Rotala wallichii*
19. *Rotala pusilla*
20. *Rotala* sp.
21. *Vallisneria spiralis*
22. *Vesicularia* sp.

Tierbesatz

1. *Nannostomus beckfordi*
2. *Paracheirodon innesi*

Cliff Hui

2009

Titel	**TREASURE**
Format	100 cm x 50 cm x 50 cm
Award	ADA IAPLC 2009 Ehrenpreis: 13 AGA 2009 Aquatic Garden – Large: Zweiter Platz CTA China 2009: Erster Platz

Pflanzen

1. *Echinodorus tenellus*
2. *Fissidens fontanus*
3. *Glossostigma elatinoides*
4. *Hemianthus callitrichoides*
5. *Hydrocotyle sibthorpioides* „Maritima“
6. *Limnophila aromatica*
7. *Micranthemum micranthemoides*
8. *Microsorum* „Narrow“
9. *Monosolenium tenerum*
10. *Riccia fluitans*
11. *Rotala rotundifolia* „Red“
12. *Vesicularia ferriei*
13. *Vesicularia* sp. „Christmas“

Tierbesatz

1. *Caridina multidentata*
2. *Otocinclus affinis*
3. *Paracheirodon simulans*

Cliff Hui
2009

Titel **HAPPINESS**
Format 90 cm x 45 cm x 45 cm

Pflanzen
1. *Bacopa caroliniana*
2. *Blyxa japonica*
3. *Cyperus helferi*
4. *Echinodorus tenellus*
5. *Elatine triandra*
6. *Hemianthus callitrichoides*
7. *Hemianthus micranthemoides*
8. *Heteranthera zosterifolia*
9. *Riccia fluitans*
10. *Rotala* sp.

Tierbesatz
1. *Hemigrammus rhodostomus*
2. *Neocaridina* sp. „Blue“

DEFINITION VON ÄSTHETIK

Verschiedene Ethnien haben im Zuge der Zivilisation unterschiedliche ästhetische Kriterien entwickelt. Bei manchen stehen die Farben im Vordergrund, manche legen Wert auf Formen und Muster. Andere bewerten den Gesamteindruck und die Atmosphäre eines Werks stärker. Für noch andere wiederum steht der Schaffensprozess im Mittelpunkt, die Entwicklung. All das kann man nicht mit Händen greifen. Wenn wir also ein Aquascape anhand unserer ästhetischen Kriterien beurteilen, müssen wir uns zunächst einmal auf die Kriterien an sich einigen. Wir orientieren uns hauptsächlich am Ästhetikbegriff der westlichen Welt. Der Hauptunterschied zwischen der Wahrnehmung in Ost und West liegt darin, dass der Westen mehr Wert auf Farben, Formen und die Gestaltung legt und der Osten eher die Gesamtstimmung eines Werkes in den Vordergrund stellt. Aus Farbe und Form entsteht die Gestaltung; aber diese Elemente beeinflussen

Eric Cheng „Green Peace"

natürlich auch die Gesamtstimmung einer Arbeit. All das ist in einem Aquascape vereint, und so kann man aus der Beziehung von Form, Farbe und Stimmung Grundkriterien zur Bewertung dieser Kunstrichtung ableiten. Aber selbst wenn diese Grundkriterien dem ästhetischen Empfinden zugrunde liegen, sind doch die Geschmäcker individuell sehr verschieden. Auch kulturell bedingte Unterschiede z.B. beim Farbempfinden spielen da herein. Beispielsweise sind Brautkleider in der westlichen Welt meist weiß – im Osten gilt Weiß aber als Farbe der Trauer. Die Farbwirkung hängt also sehr stark vom jeweiligen Kulturkreis ab, dem der Betrachter angehört.

Ein Naturaquarium von Takashi Amano im Iwagumi-Stil

Gestaltung

Die Gestaltung entscheidet darüber, welche Formen in einem Layout vorherrschen. Aber auch Formen werden unterschiedlich wahrgenommen. Ist ein Glas halbvoll oder halbleer? Bildet eine gebogene Linie ein Loch oder eine Kugel? Manch einer sieht ein Sechseck als Wabenform, ein anderer interpretiert es als Schneeflocke. All dies hängt von unserer eigenen Wahrnehmung ab.

Die von Takashi Amano gestalteten Aquascapes orientieren sich meist an der Natur. In seinen Naturfotografien herrscht oft dieselbe Stimmung wie in seinen Layouts. Die Anordnung der Steine, des Holzes, der Pflanzen bringen die Gestaltung in eine sehr individuelle Form. Er folgt oft dem Goldenen Schnitt; für viele Menschen wirkt diese Aufteilung besonders harmonisch.

Der Betrachter kann sich so viel leichter auf den visuellen Schwerpunkt der Gestaltung konzentrieren. Wenn wir die Gelegenheit hätten, den Regenwald zu sehen, würde sich dieses Bild in unser Gedächtnis einprägen – und wir würden dieses Bild sofort in einem Amano-Layout wiederfinden.

Je öfter man sich in der Natur bewegt und dabei genau hinschaut, desto einfacher hat man es bei der Gestaltung eines Naturaquariums.

Das formelle Layout kann symmetrisch oder asymmetrisch angelegt werden – und selbst eine Mischung davon ist möglich. In unserem englischsprachigen Forum gibt es eine Serie: „Talking about Aquascape“ [1]. Wenn die Grundelemente „Farbe“ und „Form“ harmonisch zusammenspielen, stellt sich beim Betrachter schnell ein Gefühl für die Grundstimmung der Gestaltung ein.

1 Talking about Aquascape: Form und Gestalt: http://www.cau-aqua.net/index.php?option=com_content&task=view&id=18&Itemid=40

Talking about Aquascape: Optische Schwerpunkte und der Goldene Schnitt: http://www.cau-aqua.net/index.php?option=com_content&task=view&id=17&Itemid=40

Farbe

Es ist immer abhängig vom persönlichen Geschmack, ob man eine Farbe mag oder nicht. Es gibt Millionen Farben die interagieren. Manch einer mag harmonische Farbtöne, andere finden Kontraste interessanter. Auch die Wirkung einer Farbe ist immer abhängig vom Kulturkreis, dem der Betrachter angehört, und von seiner persönlichen Wahrnehmung. Wenn wir zum Beispiel ein rötliches Orange als ideale Farbe für die rote Wasserpflanze *Rotala macrandra* empfinden, kommt uns eine weniger intensiv gefärbte Pflanze „schlechter" vor als eine mit einem intensiveren Farbton. Wir alle haben eine Vorstellung der für uns idealen Farbtöne. Dieser Standard variiert jedoch von Mensch zu Mensch, der eine empfindet Orangerot als schön, der andere bevorzugt Rosenrot oder Blutrot. Je nach Erfahrung kann sich ein solches Empfinden auch verändern.

Auch die Farben hängen voneinander ab. Wie die Tonart bei der Musik, bestimmt auch das Zusammenspiel von Farbtönen die Grundstimmung. Manche Noten zusammen ergeben wunderbare Harmonien, andere dagegen produzieren nur Lärm. Verschiedene Farbtöne reagieren in vergleichbarer Weise. Manche ergänzen einander, andere sorgen für Kontraste, noch andere für eine Farbenbeißerei. Farben besitzen unterschiedliche Helligkeiten oder Schattierungen. Manche Farben sind kühl, andere vermitteln Wärme. Grün lässt sich nicht grundsätzlich als kalte oder warme Farbe klassifizieren, es kommt hier sehr stark auf den Grundton an. Grün passt daher praktisch zu allen anderen Tönen. In einem Aquascape-Layout kann man eine bestimmte Wirkung am ehesten durch die Verwendung verschiedener Farben erzielen, die zu der Form passen.

Harry Kwong „Aquarium Passion"

Wayne Sham „Wind, Forest, Fire and Mountain"

Ausstrahlung

Auch die Ausstrahlung eines Aquascapes wird von Menschen unterschiedlicher Herkuft verschieden wahrgenommen. Das Gewinnerbecken des Großen Preises beim IAPLC 2005 erweckt bei einem Betrachter mit fernöstlichem Hintergrund (und ganz besonders bei einem Betrachter aus China) sofort den Eindruck einer chinesischen Landschaft, und zwar sehr intensiv. „Vernal Equinox" von Dave Chow, ein anderes Layout, orientiert sich sehr stark an einer chinesischen Wasserfarb-Zeichnung – auch das wird in der östlichen Hemisphäre sehr schnell bemerkt. Die westliche Welt tut sich da je nach Hintergrund etwas schwerer. Dennoch finden auch Betrachter aus diesem Kulturkreis ein solches Aquascape attraktiv, und zwar wegen seiner Form und Gestaltung. Aquascapes mit einer besonderen Ausstrahlung sind eben meist auch besonders gut umgesetzt. Ein Aquascape ist ein lebendes Objekt – und wie bei einem Gemälde kommt manchmal eine Art Kommunikation zustande. Wir fühlen, dass dieses Bild uns etwas zu sagen hat, wir können die Grundstimmung – ob nun traurig oder fröhlich – nachvollziehen. Wenn die Ausstrahlung eines Layouts sehr intensiv ist, werden Formen und Farben auf einmal relativ unwichtig – die Luftperlen auf *Riccia fluitans* sind so faszinierend, dass ihnen gegenüber alles in den Hintergrund tritt. Der Betrachter konzentriert sich voll auf dieses Detail.

Perlende Luftblasen an Ricchia fluitans

Die meisten Aquascapes legen ihren Schwerpunkt nur auf die Formen und Farben, und nur wenige können diese beiden Elemente so vereinen, dass sich eine harmonische Ausstrahlung ergibt. Daher wirken manche Aquascapes regelrecht seelenlos.

Ein gutes Aquascape vereint alle Elemente in sich und formt ein neues, größeres Ganzes daraus. Daher können wir die Qualität eines solchen Beckens niemals nur nach diesen Faktoren bewerten, sondern müssen es in seiner Gesamtheit sehen – und genau hier spielt der Sinn für Ästhetik beim Betrachter eine sehr große Rolle.

IAPLC 2005 Großer Preis

Dave Chow „Vernal Equinox"

色

Tony Wong
2011

Titel PILLAR CLIFF GLORY
Format 120 cm x 45 cm x 45 cm
Award ADA IAPLC 2011 Ehrenpreis: 9
AGA 2011 Aquatic Garden – 200-320L: Dritter Platz

Pflanzen
1. *Cryptocoryne wendtii* „Brown"
2. *Elatine triandra*
3. *Hemianthus micranthemoides*
4. *Hydrocotyle sibthorpioides* „Maritima"
5. *Rotala rotundifolia* „Green"
6. *Rotala rotundifolia* „Red"
7. *Rotala rotundifolia* sp.

Tierbesatz
1. *Paracheirodon simulans*

HARRY KWONG
2004

TITEL **AQUARIUM PASSION**
FORMAT 90 cm x 51 cm x 46 cm
AWARD ADA IAPLC 2004 Preisgekröntes Werk: 57

PFLANZEN

1. *Blyxa japonica*
2. *Blyxa echinosperma*
3. *Didiplis diandra*
4. *Echinodorus* sp.
5. *Eusteralis stellata* sp.
6. *Glossostigma elatinoides*
7. *Heteranthera zosterifolia*
8. *Hygrophila polysperma* „Rosanervig"
9. *Hygrophila lacustris*
10. *Ludwigia arcuata*
11. *Ludwigia repens*
12. *Ludwigia* sp. „Cuba"
13. *Rotala rotundifolia*

TIERBESATZ

1. *Apistogramma macmasteri*
2. *Melanotaenia boesemani*
3. *Melanotaenia lacustris*
4. *Melanotaenia praecox*
5. *Paracheirodon innesi*

Harry Kwong

2005

Titel **ANGEL PARDISE**
Format 90 cm x 51 cm x 46 cm
Award ADA IAPLC 2005
Preisgekröntes Werk: 49

Pflanzen

1. *Anubias barteri* var. *nana*
2. *Cryptocoryne wendtii*
3. *Didiplis diandra*
4. *Eleocharis azurea*
5. *Glossostigma elatinoides*
6. *Hemianthus callitrichoides*
7. *Ludwigia repens*
8. *Ludwigia arcuata*
9. *Microsorum* „Narrow“
10. *Rotala rotundifolia*
11. *Rotala indica*
12. *Vesicularia antipyretica*

Tierbesatz

1. *Caridina* cf. *cantonensis* „Crystal Red“
2. *Otocinclus affinis*
3. *Neocaridina* sp. Blue
4. *Pterophyllum altum*
5. *Rasbora heteromorpha*
6. *Crossocheilus siamensis*

Gary Wu
2005

Titel	**AUTUMN TINTS**
Format	152 cm x 51 cm x 58 cm
Award	ADA IAPLC 2005
	Preisgekröntes Werk: 30

Pflanzen

1. *Blyxa japonica*
2. *Cardamine lyrata*
3. *Cratonneuron filicinum*
4. *Didiplis diandra*
5. *Eleocharis acicularis*
6. *Hemianthus callitrichoides*
7. *Heteranthera zosterifolia*
8. *Limnophila* sp.
9. *Ludwigia arcuata*
10. *Lysimachia nummularia*
11. *Micranthemum micranthemoides*
12. *Microsorum pteropus*
13. *Myriophyllum mattogrossense*
14. *Rotala rotundifolia*
15. *Rotala indica*
16. *Rotala wallichii*
17. *Sagittaria graminea*

Tierbesatz

1. *Nannostomus beckfordi*
2. *Neocaridina* sp. „Blue"
3. *Otocinclus affinis*
4. *Hemigrammus rhodostomus*
5. *Neritina natalensis*

WAYNE SHAM

2006

TITEL **WIND, FOREST, FIRE AND MOUNTAIN**
FORMAT 90 cm x 45 cm x 45 cm
AWARD ADA IAPLC 2005 Silbermedaille: 4
AGA 2005 Aquatic Garden – Medium: Zweiter Platz

PFLANZEN

1. *Blyxa japonica*
2. *Didiplis diandra*
3. *Echinodorus tenellus*
4. *Glossostigma elatinoides*
5. *Heteranthera zosterifolia*
6. *Hydrocotyle verticillata*
7. *Hygrophila polysperma* var. „Rosanervig“
8. *Potamogeton oxyphyllus*
9. *Ranunculus papulentus*
10. *Riccia fluitans*
11. *Rotala rotundifolia* „Red“

TIERBESATZ

1. *Crossocheilus siamensis*
2. *Hemigrammus ocellifer*
3. *Neocaridina* sp.

Eric Cheng
2007

Titel MISTY RED
Format 150 cm x 53 cm x 57 cm

Pflanzen

1. *Ammannia gracilis*
2. *Didiplis diandra*
3. *Hemianthus micranthemoides*
4. *Heteranthera zosterifolia*
5. *Ludwigia brevipes*
6. *Rotala rotundifolia* „Green“
7. *Rotala rotundifolia* „Red“
8. *Rotala wallichii*
9. *Vesicularia* sp. „Christmas“

Tierbesatz

1. *Paracheirodon simulans*
2. *Puntius denisonii*

Harry Kwong

2008

Titel **RHYTHM OF NATURE**

Format 80 cm x 43 cm x 50 cm

Award ADA IAPLC 2008 Preisgekröntes Werk: 31
AGA 2008 Aquatic Garden – Medium:
Zweiter Platz

Pflanzen

1. *Alternanthera* sp.
2. *Anubias barteri* var. *nana*
3. *Blyxa japonica*
4. *Echinodorus tenellus*
5. *Ludwigia palustris*
6. *Microsorum* „Narrow"
7. *Nymphaea* sp.
8. *Vesicularia antipyretica*

Tierbesatz

1. *Otocinclus affinis*
2. *Rasbora heteromorpha*

Alan Chan
2007

Titel **RED FOREST HILL**
Format 60 cm x 30 cm x 36 cm
Award ADA IAPLC 2007 Preisgekröntes Werk: 80

Pflanzen

1. *Blyxa japonica*
2. *Eleocharis acicularis*
3. *Fontinalis antipyretica*
4. *Glossostigma elatinoides*
5. *Hemianthus micranthemoides*
6. *Ludwigia brevipes*
7. *Micranthemun umbrosum*
8. *Rotala rotundifolia*
9. *Vesicularia* sp. „Christmas“

Tierbesatz

1. *Crossocheilus siamensis*
2. *Paracheirodon innesi*

ALAN CHAN
2005

TITEL XANADU
FORMAT 60 cm x 30 cm x 36 cm

PFLANZEN

1. *Ammannia gracilis*
2. *Ludwigia arcuata*
3. *Didiplis diandra*
4. *Echinodorus tenellus*
5. *Eleocharis acicularis*
6. *Rotala* sp. „Nanjenshan“
7. *Rotala rotundifolia*
8. *Rotala wallichii*

TIERBESATZ

1. *Paracheirodon axelrodi*
2. *Crossocheilus siamensis*
3. *Otocinclus affinis*

Harry Kwong
2006

Titel	**VALLEY OF THE RED**
Format	90 cm x 51 cm x 46 cm
Award	ADA IAPLC 2006 Preisgekröntes Werk: 71

Pflanzen

1. *Blyxa japonica*
2. *Cryptocoryne petchii*
3. *Echinodorus tenellus*
4. *Glossostigma elatinoides*
5. *Hemianthus callitrichoides*
6. *Hemianthus micranthemoides*
7. *Ludwigia palustris*
8. *Nesaea crassicaulis*
9. *Rotala rotundifolia*

Tierbesatz

1. *Caridina* cf. *cantonensis* „Crystal Red“
2. *Hyphessobrycon callistus*
3. *Neocaridina* sp. Blue
4. *Otocinclus affinis*
5. *Crossocheilus siamensis*

Harry Kwong
2007

Titel **FANTASY GARDEN**
Format 80 cm x 43 cm x 50 cm

Pflanzen

1. *Alternanthera* sp.
2. *Ammannia senegalensis*
3. *Anubias barteri* var. *nana*
4. *Blyxa japonica*
5. *Echinodorus tenellus*
6. *Fontinalis antipyretica*
7. *Hygrophila angustifolia*
8. *Microsorum pteropus*
9. *Microsorum* sp.
10. *Nymphaea micrantha*

Tierbesatz

1. *Neocaridina* sp. Blue
2. *Rasbora heteromorpha*

Barry Lui
2006

Titel **SPRING SUNRISE**
Format 46 cm x 27 cm x 26 cm
Award AGA 2006 Aquatic Garden – Medium: Dritter Platz

Pflanzen
1. *Bolbitis heudelotii*
2. *Didiplis diandra*
3. *Eleocharis acicularis*
4. *Fontinalis antipyretica*
5. *Mayaca sellowiana*
6. *Micranthemun umbrosum*
7. *Microsorum* sp. „Narrow“
8. *Rotala rotundifolia*
9. *Rotala rotundifolia* „Green“
10. *Rotala wallichii*

Tierbesatz
1. *Hyphessobrycon haraldschultzi*
2. *Neocaridina heteropoda*

Gary Wu

2007

Titel **SAMBA DANCE**

Format 60 cm x 30 cm x 36 cm

Pflanzen

1. *Bacopa* sp. „Long Leaf“
2. *Ludwigia inclinata* var. *verticillata* „Cuba“
3. *Rotala rotundifolia*
4. *Rotala* sp. „Nanjenshan“
5. *Rotala* sp. „Vietnam“

Tierbesatz

1. *Hyphessobrycon amandae*
2. *Rasbora heteromorpha*

DAVE CHOW

2011

TITEL **A MIRAGE**
FORMAT 152 cm x 45 cm x 55 cm
AWARD AGA 2011 Aquatic Garden – über 320 L: Dritter Platz

PFLANZEN

1. *Ammannia multiflora*
2. *Anubias barteri* var. *nana*
3. *Fissidens fontanus*
4. *Glossostigma elatinoides*
5. *Hemianthus callitrichoides*
6. *Hydrocotyle tripartita*
7. *Limnophila* sp. „Vietnam"
8. *Ludwigia brevipes*
9. *Micranthemum micranthemoides*
10. *Pogostemon erectum*
11. *Rotala macrandra* „Mini"
12. *Rotala rotundifolia*
13. *Rotala* sp.
14. *Rotala* sp. „Vietnam"
15. *Rotala* sp. „Green"
16. *Staurogyne* sp.
17. *Taxiphyllum alternans*
18. *Vesicularia ferriei*

TIERBESATZ

1. *Caridina* cf. *cantonensis* „Crystal Red"
2. *Clithon* sp. Burnble
3. *Otocinclus affinis*
4. *Hyphessobrycon flammeus*
5. *Paracheirodon simulans*

Alan Chan
2006

Titel	**THE TWO TOWERS**
Format	60 cm x 30 cm x 36 cm
Award	ADA IAPLC 2006 Preisgekröntes Werk: 90

Pflanzen

1. *Ammannia multiflora*
2. *Bacopa* sp.
3. *Blyxa japonica*
4. *Didiplis diandra*
5. *Echinodorus tenellus*
6. *Eleocharis parvula*
7. *Hemianthus callitrichoides*
8. *Ludwigia brevipes*
9. *Nesaea crassicaulis*
10. *Rotala macrandra* „Narrow-Leaf“
11. *Rotala* sp. „Nanjenshan“
12. *Rotala rotundifolia*
13. *Rotala* sp. „Green“

Tierbesatz

1. *Caridina multidentata*
2. *Crossocheilus siamensis*
3. *Inpaichthys kerri*
4. *Otocinclus affinis*

Wasserpflanzen spielen bei einem Aquascape eine tragende Rolle. Aber es reicht nicht, sie gerade so am Leben zu erhalten – die Pflanzen sollen schließlich in der von uns gewünschten Form wachsen. Wenn man die dafür notwendigen Fertigkeiten fürs Aquascaping kategorisieren wollte, könnte man sie in die Bereiche „Bepflanzung“ und „Gestaltung“ aufteilen.

Die Bepflanzung

Wie pflanzt man richtig? Dazu muss man wissen, welche Ansprüche die einzelnen Pflanzen haben. Die können je nach Art der Pflanze recht unterschiedlich sein. Daher sollte man sich vorher genau über die Ansprüche der Pflanzen hinsichtlich Licht, Temperatur, Wasserhärte, Strömung, Düngung und Algenbekämpfung, Rückschnitt und so weiter informieren. All diese Faktoren hängen zusammen, und es gibt keine festen Richtlinien, denen man folgen könnte. Pflanzen tolerieren auch gewisse Abweichungen, daher kann man an der einen oder anderen Stelle auch Kompromisse eingehen. Allerdings sollte man dennoch immer einige Zusammenhänge beachten. Die Färbung der Pflanzen hängt beispielsweise in hohem Maße von der Düngung und der Lichtstärke und -farbe ab. Wenn die Beleuchtung im Verhältnis zur Düngung zu stark ist, wachsen die Pflanzen zu schnell. Man sollte also diesen Faktoren ausreichend Beachtung schenken, damit alle Pflanzen in der gewünschten Art und Weise wachsen können und damit zur richtigen Zeit alle gleich gut wirken. Das Aquascape muss als Ganzes gesehen werden, wenn also eine Pflanze optimal steht und die anderen nicht, ist die Ausstrahlung des gesamten Layouts beeinträchtigt. Man findet sehr einfach heraus, wie Pflanzen auf die oben genannten Faktoren reagieren. Moos verändert seine Wuchsform je nach Lichtstärke; bei *Rotala rotundifolia* „red“ und *Didiplis diandra* färben sich die neuen Triebe bei geeigneter Beleuchtung und Düngung rot.

Verschiedene Rottöne bei Didiplis diandra

Rotala rotundifolia „red“

Das Verhältnis von Beleuchtungsstärke und Lichtfarbe

Das Licht über dem Becken brauchen hauptsächlich die Pflanzen, damit sie genügend Energie für die lebenswichtige Fotosynthese zur Verfügung haben. Allerdings erfüllt das Licht im Aquascape noch weitere Zwecke. Ein gutes Aquascape ist ein Kunstwerk, und hier sollen die Pflanzen nicht nur gerade so überleben, sondern dicht, gesund und wüchsig aussehen. Daher sollte man sich genau über ihre Ansprüche hinsichtlich

Beleuchtungsstärke und Lichtspektrum informieren. Man kann außerdem gezielt eine Beleuchtungsart auswählen, um die Wuchsform bestimmter Pflanzen zu beeinflussen. Dazu muss man aber wissen, wie genau Pflanzen auf verschiedene Beleuchtungsarten reagieren. Viele Moose beispielsweise wachsen unter schwächerem Licht und bei kühleren Temperaturen in Dreiecksform. Unter HQI-Lampen sind die Triebe eher dünn und schmal. Auch *Glossostigma elatinoides* verhält sich bei unterschiedlichen Lichtbedingungen verschieden. Eine dichte, niedrige Schicht mit runden Blättchen erhält man im Vordergrund, wenn das Licht ausreichend stark ist und ausreichend lang beleuchtet wird. Wenn die Lichtdauer zu kurz ist, werden die Blättchen länglich tropfenförmig, und die Pflanze wächst insgesamt höher. Hier sagt uns also allein schon die Form der Pflanze, welche Lichtintensität beziehungsweise Beleuchtungsdauer der Gestalter gewählt hat.

Unterschiedliche Wuchsformen von Glossostigma

Wassertemperatur, Wasserwerte und Wasserströmung

Aquarianer in den Tropen und Subtropen haben immer Probleme mit hohen Temperaturen. In gemäßigteren Zonen sind die Temperaturen ja generell niedriger, und es ist wesentlich günstiger und effizienter, ein Becken zu heizen. Es zu kühlen ist deutlich schwieriger und aufwendiger. Da die Temperaturen in den Tropen und Subtropen grundsätzlich sehr viel höher liegen und besonders im Sommer ständig 30 °C übersteigen, ist ein Kühlsystem schnell überlastet. Hohe Luftfeuchtigkeiten kommen noch dazu. Bei hohen Wassertemperaturen teilen sich Bakterien sehr viel schneller, daher ist die Wasserqualität nicht immer so stabil, wie man sich das wünschen würde. Wenn der Unterschied zwischen der Temperatur im Raum und der im Becken zu groß wird, ergeben sich für Aquascaper noch andere Probleme. Die Luftfeuchtigkeit setzt sich dann als Kondenswasser an der Aquarienscheibe ab, was Fotografieren unmöglich macht.

Mit diesen Umständen und Schwierigkeiten haben viele der Aquascaper zu kämpfen, die an diesem Buch mitgewirkt haben.

Verschiedene Wuchsformen von Moos

Düngung und Algenbekämpfung

Mit einem geeigneten aktiven Bodengrund kann man die Wasserwerte in einem für die Pflanzen günstigen Bereich halten. Leider fühlen sich unter diesen Bedingungen Algen ebenfalls wohl, Pflanzen und Algen haben schließlich weitestgehend dieselben Ansprüche. Die meisten Pflanzen nehmen Nährstoffe über die Wurzeln und/oder Blätter auf, Algen dagegen leben oft planktonisch und nehmen die Nährstoffe über ihr Gewebe aus dem Wasser oder von Oberflächen auf. Wie kann man nun sicherstellen, dass die Düngestoffe nur den Pflanzen, nicht aber den Algen zur Verfügung stehen? Wenn unser Wasser als extreme Annahme komplett frei von Nährstoffen wäre und nur das Substrat Dünger enthielte, der nicht ins Wasser übergeht, würden die Pflanzen weiterwachsen, die Algen würden verkümmern und absterben. In einem real existierenden Aquarium wird dieser Zustand jedoch vermutlich niemals erreicht. Selbst wenn nicht zugedüngt wird, gibt es dennoch Nährstoffe im Wasser. Man kann aber das Algenwachstum etwas eindämmen, indem man gezielt über die Wurzeln düngt, da Wurzeldünger nur langsam ins Wasser übergehen. Man kann auch die Zahl der Wasserwechsel erhöhen, um Algen zu bekämpfen, oder besonders chelatierte Dünger verwenden. Wichtig ist, dass man methodisch vorgeht und Wasserwechsel und Algenbekämpfung nicht vernachlässigt.

Justin Law „Summer Dance“

Der richtige Rückschnitt

Viele Pflanzen kommen nicht ohne Rückschnitt aus, und es gibt verschiedene Rückschnitt-Techniken für die unterschiedlichen Pflanzenarten. Gelb gewordene oder abgestorbene Teile müssen natürlich entfernt werden, das Wichtigste ist jedoch, dass die Pflanzen jeweils Raum zum Wachsen brauchen. Im Hobby werden Wasserpflanzen oft nach Wuchshöhe für Vorder-, Mittel- und Hintergrund eingeteilt, in manchen Aquascape-Stilrichtungen werden allerdings eigentlich für den Hintergrund gedachte Pflanzen im Vordergrund eingesetzt und entsprechend gestutzt. Will man beurteilen, wie gut der Aquascaper seine Sache mit den Pflanzen macht, sollte man also berücksichtigen, welcher Form das Layout folgt, welche Pflanzentypen eingesetzt werden und wie schnell diese wachsen.

Perspektive mit zwei Fluchtpunkten: Gary Wu „Nest“

Perspektive mit einem Fluchtpunkt: Tony Wong „Utopia“

Perspektive mit zwei Fluchtpunkten: Wayne Sham „Magic Stage“

Perspektive mit einem Fluchtpunkt: Eric Cheng „Green Valley“

Strukturierung

VERSCHIEDENE PERSPEKTIVEN UND DER GOLDENE SCHNITT

Aus ästhetischer Sicht bietet der Goldene Schnitt sehr gute Anhaltspunkte für eine Aquariengestaltung, auch wenn er nur zweidimensional anwendbar ist. In einem Aquascape spielt die Tiefe jedoch ebenfalls eine wichtige Rolle. Denkt man sich ein Aquascape als eine zweidimensionale Fläche, so spielen die Abstände in der Tiefe keine Rolle; um es dreidimensional einzurichten, müssen wir sie jedoch auch berücksichtigen, weil sie Perspektive ins Becken bringen. Natürlich muss man das Layout nicht akribisch vermessen; man kann sich verschieden großer Pflanzen bedienen oder Freiräume lassen, um der Gestaltung Tiefe zu verleihen.

Es gibt drei Arten von Perspektive. Zunächst einmal die mit einem einzigen optischen Schwerpunkt; der Betrachter befindet sich auf derselben horizontalen Ebene wie das Kunstwerk und parallel dazu, das Aquascape wird durch die Frontscheibe betrachtet. Bei einer Perspektive mit zwei optischen Schwerpunkten sind Betrachter und Kunstwerk zwar auf derselben horizontalen Ebene, aber nicht parallel zueinander. Ein Aquascape würde so von einem Punkt zwischen Front- und Seitenscheibe betrachtet.

Bei einer Perspektive mit drei optischen Schwerpunkten befinden sich Betrachter und Becken weder parallel zueinander noch auf derselben horizontalen Ebene, das Becken wird also von schräg unten oder oben betrachtet.

Diagramm zum Goldenen Schnitt: Dave Chow

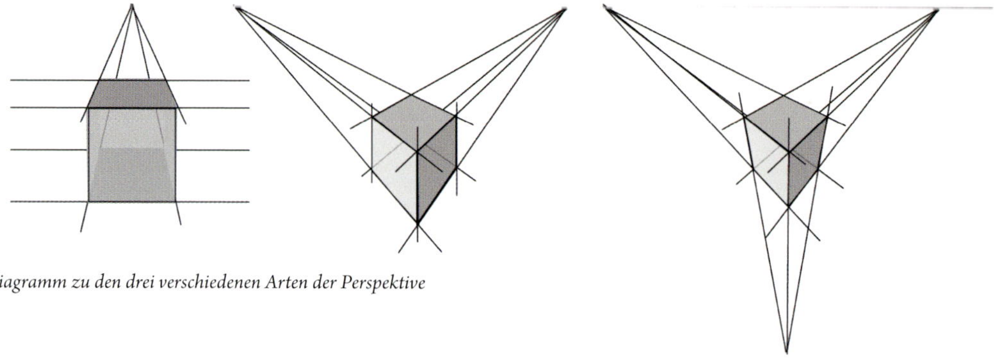

Strukturdiagramm zu den drei verschiedenen Arten der Perspektive

Die meisten Aquascapes sind als Perspektive mit einem optischen Schwerpunkt angelegt, aber es gibt keine Regel, dass man nicht auch zwei oder drei solcher Punkte in der Gestaltung einsetzen kann. Diese Layouts sind allerdings schwieriger zu gestalten. Ein gutes Aquascape lässt sich sehr einfach einrichten, wenn man optische Schwerpunkte und den Goldenen Schnitt zur Strukturierung einsetzt.

ZUSAMMENHANG ZWISCHEN AUGENHÖHE, PERSPEKTIVE UND SUBSTRATHÖHE

Viele Aquascaper lassen das Substrat gerne nach hinten ansteigen. Die allermeisten Vordergrundpflanzen benötigen nicht viel Boden zum Wurzeln, die Stängelpflanzen im Hintergrund hingegen schon. Ein hohes Substrat kann allerdings auch von Nachteil sein, da durch anaerobe Abbauprozesse Schwefelwasserstoff entstehen kann, der sich sehr nachteilig auf die Wasserqualität auswirkt. Daher sollte man das Substrat immer möglichst niedrig halten und kürzere Pflanzen wählen beziehungsweise Stängelpflanzen einkürzen. Eine weniger hohe Pflanze ist auch in weniger hohem Substrat standfest.

Harry Kwong „Island of Glory“

Wenn aber unser Gestaltungskonzept unbedingt einen stark nach hinten ansteigenden Bodengrund notwendig macht, sollten wir auf maximal 10 bis 15 Zentimeter Bodenhöhe gehen und den Boden schichtweise aufschütten – zuerst beispielsweise den Düngebodengrund, dann den Kies, und dann das Oberflächensubstrat. Die Geschicklichkeit des Aquascapers zeigt sich darin, wie die Schichten aufgebaut werden, sodass die Pflanzen optimal wachsen können. Wenn wir kein spezifisch aquaristisches Substrat für das Layout verwenden und nicht mit Schichten arbeiten, kann es aber schnell zu Zersetzungs- und Fäulnisprozessen kommen.

Wenn man allerdings diese Problematik außer Acht lässt und das Augenmerk rein aufs Gestalterische richtet, muss man sagen, dass ein ansteigendes Substrat deutliche Stärken hat. Weiter oben gingen wir darauf ein, wie

Justin Law „Walking Aoyama“

wichtig die relative Größe der Dekorationsmaterialien und Pflanzen zueinander innerhalb einer Gestaltung ist.

Auch ein ansteigendes Substrat ist für die Perspektive immens wichtig. In einem dreidimensionalen Layout sollten alle Linien auf einen Punkt zulaufen, der als weit hinten am gedachten Horizont wahrgenommen wird, den Fluchtpunkt. Wenn wir zwei Objekte betrachten, die ein Stück auseinander stehen, und uns davon weg bewegen, werden wir feststellen, dass sich diese beiden Objekte von uns aus gesehen auf einer imaginären Netzgitterlinie auf den Fluchtpunkt zu „bewegen“. Wenn man das Substrat ansteigen lässt, kann man den Abstand vom Objekt zum Fluchtpunkt optisch verlängern; außerdem entsteht so mehr sichtbare Substrat-Oberfläche.

Wenn wir mehrere Objekte entlang der perspektivischen Netzgitterlinien platzieren, müssen wir ihre Proportionen angleichen. Das am weitesten entfernte Objekt muss gleichzeitig das kleinste sein, das nächstliegende entsprechend das größte.

Auswahl und Einsatz der Hardscape

Zusätzlich zu den Wasserpflanzen im Aquarium wird in den meisten Layouts noch dekorative Hardscape eingesetzt, die thematisch zur Gestaltung passt. Üblicherweise handelt es sich hier um Wurzelholz und verschiedene Steine. Manche Aquascaper greifen auch auf neue Gestaltungsmaterialien zurück, aus Keramik, Polymeren, manche bauen passend zum Layout regelrechte Hardscape-Strukturen auf. So werden die Aquascapes immer abwechslungsreicher.

Dave Chow „Water Wood Forest“

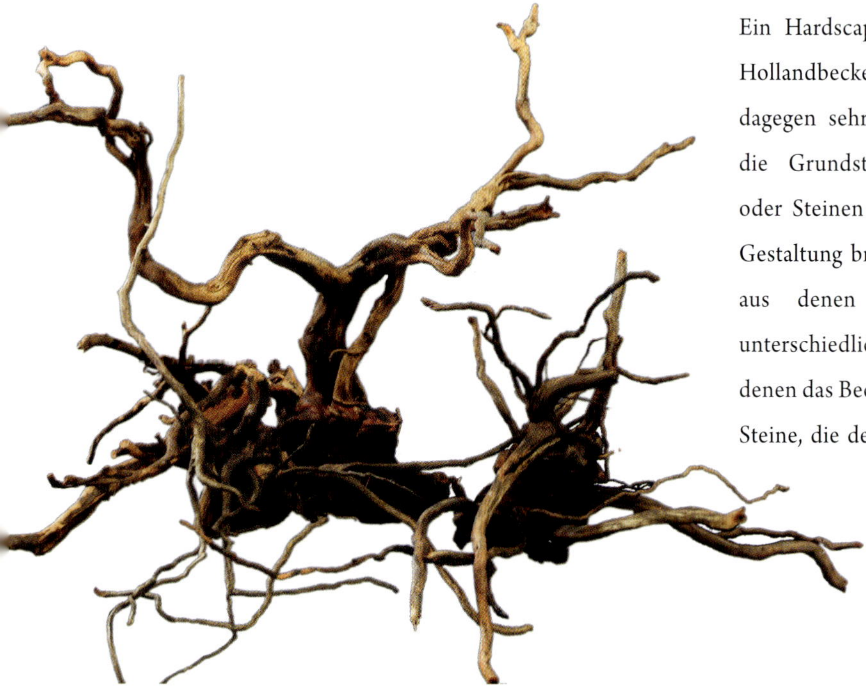

Ein Hardscape-Layout war in den letzten Jahren in Hollandbecken eher selten zu sehen, im Naturaquarium dagegen sehr häufig. Üblicherweise wird jedoch nur die Grundstruktur mit einigen wenigen Wurzeln oder Steinen gestaltet. Bei einer davon abweichenden Gestaltung brauchen wir mehrere Einzelkomponenten, aus denen sich ein größeres Ganzes formt, unterschiedlich geformte Wurzeln beispielsweise, mit denen das Becken gestaltet wird, oder verschieden große Steine, die den optischen Schwerpunkt betonen. Wenn die einzelnen Komponenten gruppiert werden, muss sichergestellt sein, dass sie wirklich gut befestigt sind. Dazu kann man beispielsweise bei Holz Metalldraht oder Kabelbinder verwenden, Lücken werden mit Füller verschlossen. All diese Mittel und Methoden dürfen keinesfalls die Wasserqualität negativ beeinflussen. Komplizierte Strukturen sind nicht immer ein Muss, aber natürlich sagt eine komplexe Struktur mehr über die gestalterischen Fähigkeiten des Aquascapers aus als eine simple Komposition.

Strömungsregulierung

Anders als bei einem herkömmlichen bepflanzten oder gar einem reinen Fischaquarium sollte bei einem Aquascape die Wasserströmung nicht zu stark, der Wasserdurchsatz aber dennoch recht hoch sein. Mit nur einer Ausströmöffnung wird die Strömung schnell viel zu stark für ein gutes Pflanzenwachstum, und eine zu heftige Oberflächenbewegung würde auch das Licht zu sehr streuen. Das Wasser sollte aber dennoch durchs ganze Becken zirkulieren.

In Aquascapes werden oft sehr dicht stehende Pflanzen eingesetzt, was die Wasserzirkulation beeinträchtigen kann. Wenn das Layout gestaltet wird, gibt es sicherlich noch Platz für die Pflanzen, in den sie hineinwachsen können, und solange sie noch etwas weiter auseinander stehen, reicht auch die Wasserzirkulation aus. Das heißt aber nicht, dass das immer noch der Fall sein muss, wenn die Pflanzen gewachsen sind.

Dave Chow „Nature, Endure Forever"

Wie kann man also sicherstellen, dass das Wasser in jedem Winkel des Beckens zu allen Zeiten ausreichend umgewälzt wird? Eine weitere Herausforderung für den ambitionierten Aquascaper. Wenn das Wasser in manchen Ecken „steht", kommen nicht genügend Nährstoffe bei den Pflanzen an, und Abfallstoffe werden nicht abtransportiert. Das kann übermäßigen Algenwuchs und kümmernde Pflanzen zur Folge haben. Einige Aquascaper verwenden daher noch zusätzlich eine Strömungspumpe oder haben mehr als einen Filter am Becken.

Natürlich wird diese Hardware fürs Fotografieren abgenommen, sie würde auf dem Präsentationsfoto nur stören.

Bolbitis heudelotii wird beispielsweise stark von der Strömung beeinflusst. Diese Pflanze hat keine richtige Wurzel, sondern ein relativ festes, hartes Rhizom. In stehendem Wasser fault es leicht. In einer stärkeren Strömung und bei kühleren Temperaturen wächst es in Richtung der Wasserbewegung und wird fest und stark. Auch die Strömung ist also ein wichtiger Faktor für den Pflanzenwuchs in einem Aquascape.

形

Justin Law
2006

Titel	**SUMMER DANCE**
Format	45 cm x 22 cm x 30 cm
Award	AGA 2006 Aquatic Garden – Small: Erster Platz
	AGA 2006 Aquatic Garden – Small: Best of Show
	ADA IAPLC 2006 Ehrenpreis: 26

Pflanzen

1. *Blyxa japonica*
2. *Bolibitis heudelotii*
3. *Didiplis diandra*
4. *Eleocharis parvula* sp.
5. *Eleocharis parvula*
6. *Fontinalis antipyretica*
7. *Hemianthus callitrichoides*
8. *Microsorum* sp. „Narrow"
9. *Rotala* sp. „Green"
10. *Rotala wallichii*

Tierbesatz

1. *Caridina* cf. *cantonensis* „Tiger"
2. *Nannostomus trifasciatus*
3. *Neocaridina heteropoda* „Red"
4. *Paracheirodon axelrodi*
5. *Crossocheilus siamensis*

JUSTIN LAW
2005

TITEL	**SECRET GARDEN**
FORMAT	45 cm x 22 cm x 30 cm
AWARD	AGA 2005 Aquatic Garden – Small: Erster Platz
	AGA 2005 Aquatic Garden – Small: Best of Show

PFLANZEN

1. *Blyxa japonica*
2. *Didiplis diandra*
3. *Eleocharis parvula* sp.
4. *Eleocharis parvula*
5. *Fontinalis antipyretica*
6. *Rotala* sp. Green
7. *Rotala wallichii*

TIERBESATZ

1. *Boraras maculatus*
2. *Crossocheilus siamensis*
3. *Neocaridina* sp.
4. *Nannostomus beckfordi*

Dave Chow
2009

Titel **TOWERING PEAKS**
Format 152 cm x 45 cm x 55 cm
Award ADA IAPLC 2009 Bronzemedaille: 6
AGA 2009 Aquatic Garden – Extra Large: Dritter Platz
CTA China 2009: Zweiter Platz

Pflanzen
1. *Fissidens fontanus*
2. *Glossostigma elatinoides*
3. *Hemianthus callitrichoides*
4. *Hydrocotyle tripartita*
5. *Pogostemon erectum*
6. *Rotala* sp. „Vietnam“
7. *Vesicularia ferriei*

Tierbesatz
1. *Clithon* sp. Burnble
2. *Otocinclus affinis*
3. *Paracheirodon innesi*

DAVE CHOW
2011

TITEL **VERVE**
FORMAT 200 cm x 66 cm x 66 cm
AWARD ADA IAPLC 2011 Bronzemedaille: 7

PFLANZEN

1. *Anubias barteri* var. *nana*
2. *Bolbitis heudelotii*
3. *Cladophora aegagrophila*
4. *Echinodorus tenellus*
5. *Glossostigma elatinoides*
6. *Hydrocotyle tripartita*
7. *Hygrophila pinnatifida*
8. *Marsilea hirsuta*
9. *Microsorum* „Narrow"
10. *Microsorum* sp. „Philippine"
11. *Rotala* sp. „Vietnam"
12. *Staurogyne* sp.
13. *Vesicularia dubyana*
14. *Vesicularia ferriei*

TIERBESATZ

1. *Clithon* sp. Burnble
2. *Otocinclus affinis*
3. *Paracheirodon innesi*

Eric Cheng
2009

Titel **PRESSURE ISLAND**
Format 90 cm x 45 cm x 45 cm

Pflanzen
1. *Bolbitis heudelotii*
2. *Hemianthus micranthemoides*
3. *Ludwigia brevipes*
4. *Ludwigia inclinata* var. *verticillata* „Cuba“
5. *Microsorum* „Narrow“
6. *Polygonum* sp.
7. *Rotala rotundifolia* „Green“
8. *Rotala wallichii*
9. *Taxiphyllum* sp. „Flame Moss“
10. *Vesicularia* sp. „Christmas“

Tierbesatz
1. *Hemigrammus rhodostomus*

CLIFF HUI
2010

TITEL	**PRIMARY**
FORMAT	100 cm x 50 cm x 50 cm
AWARD	AGA 2010 Aquatic Garden – Large: Zweiter Platz

PFLANZEN

1. *Echinodorus tenellus*
2. *Fissidens fontanus*
3. *Glossostigma elatinoides*
4. *Hemianthus callitrichoides* „Cuba"
5. *Hydrocotyle sibthorpioides* „Maritima"
6. *Limnophila aromatica*
7. *Micranthemum micranthemoides*
8. *Microsorum* „Narrow"
9. *Monosolenium tenerum*
10. *Rotala rotundifolia* „Red"
11. *Vesicularia ferriei*
12. *Vesicularia* sp. „Christmas"

TIERBESATZ

1. *Caridina multidentata*
2. *Otocinclus affinis*
3. *Paracheirodon simulans*

Harry Kwong
2005

Titel ISLAND OF GLORY
Format 70 cm x 43 cm x 46 cm

Pflanzen
1. *Ammannia multiflora*
2. *Anubias barteri* var. *nana*
3. *Blyxa japonica*
4. *Bolbitis heudelotii*
5. *Cryptocoryne wendtii*
6. *Cryptocoryne parva*
7. *Didiplis diandra*
8. *Echinodorus tenellus*
9. *Echinodorus* sp.
10. *Eleocharis azurea*
11. *Glossostigma elatinoides*
12. *Hemianthus callitrichoides*
13. *Hygrophila stricta*

Tierbesatz
1. *Otocinclus affinis*
2. *Neocaridina* sp. Blue
3. *Paracheirodon innesi*
4. *Neritina natalensis*

Harry Kwong

2006

Titel MOUNTAIN BREEZE
Format 70 cm x 43 cm x 46 cm

Pflanzen

1. *Cabomba* sp.
2. *Cryptocoryne petchii*
3. *Cryptocoryne* sp. „Balan Chansae“
4. *Eleocharis azurea*
5. *Fontinalis antipyretica*
6. *Glossostigma elatinoides*
7. *Hemiathus callitrichoides*
8. *Hydrocotyle sibthorpioides*
9. *Limnophila* „Mini“

Tierbesatz

1. *Caridina* cf. *cantonensis* „Crystal Red“
2. *Paracheirodon innesi*
3. *Otocinclus affinis*
4. *Crossocheilus siamensis*

GARY WU

2011

TITEL NEST

FORMAT 152 cm x 51 cm x 58 cm

PFLANZEN

1. *Anubias barteri* „Coffeefolia"
2. *Anubias barteri* var. *nana*
3. *Anubias barteri* var. *nana* „Golden"
4. *Anubias barteri* var. *nana* „Petite"
5. *Anubias* sp.
6. *Bolbitis heudelotii*
7. *Ceratopteris* sp.
8. *Eleocharis parvula*
9. *Ludwigia brevipes*
10. *Marsilea drummondii*
11. *Microsorum pteropus* „Windelov"
12. *Microsorum pteropus* sp.
13. *Staurogyne* sp.

TIERBESATZ

1. *Caridina multidentata*
2. *Clithon* sp. Burnble
3. *Hyphessobrycon herbertaxelrodi*
4. *Neocaridina* sp. „Blue"

Harry Kwong

2004

Titel	**CORNER OF PARDISE**
Format	40 cm x 40 cm x 46 cm
Award	Aquabotanic 2004: Dritter Platz

Pflanzen

1. *Anubias barteri* var. *nana*
2. *Anubias barteri*
3. *Bolbitis heudelotii*
4. *Cryptocoryne wendtii* „Green“
5. *Cryptocoryne petchii*
6. *Didiplis diandra*
7. *Echinodorus* sp.
8. *Ludwigia repens*
9. *Microsorum pteropus*
10. *Microsorum* „Narrow“
11. *Microsorum pteropus* „Windelov“
12. *Rotala indica*
13. *Vesicularia* sp.

Tierbesatz

1. *Nannostomus beckfordi*
2. *Hyphessobrycon herbertaxelrodi*
3. *Epalzeorhynchos bicolor*
4. *Hyphessobrycon flammeus*
5. *Moenkhausia robertsi*
6. *Crossocheilus siamensis*

DAVE CHOW
2008

TITEL **ROAD OF SAMSARA**
FORMAT 90 cm x 45 cm x 50 cm
AWARD AGA 2008 Aquatic Garden – Large:
Ehrenvolle Erwähnung

PFLANZEN

1. *Fontinalis antipyretica*
2. *Microsorum* „Narrow"
3. *Microsorum pteropus* „Philippine"
4. *Rotala* sp. „Vietnam"
5. *Rotala* sp. „Green"
6. *Taxiphyllum alternans*
7. *Vesicularia ferriei*

TIERBESATZ

1. *Aplocheilichthys normani*
2. *Caridina multidentata*
3. *Otocinclus affinis*

Harry Kwong
2005

Titel DEEP FOREST
Format 45 cm x 22 cm x 30 cm

Pflanzen
1. *Alternanthera reineckii*
2. *Alternanthera* sp.
3. *Anubias barteri* var. *nana* „Petite“
4. *Anubias congensis*
5. *Anubias barteri*
6. *Bolbitis heudelotii*
7. *Echinodorus tenellus*
8. *Microsorum pteropus*
9. *Microsorum* „Narrow“
10. *Vesicularia antipyretica*

Tierbesatz
1. *Caridina* cf. *cantonensis* „Crystal Red“
2. *Hyphessobrycon flammeus*
3. *Neocaridina* sp. Blue
4. *Crossocheilus siamensis*

Harry Kwong

2006

Titel **GREEN MORNING**

Format 45 cm x 27 cm x 30 cm

Pflanzen

1. *Anubias barteri* var. *nana* „Petite“
2. *Cryptocoryne parva*
3. *Echinodorus tenellus*
4. *Eleocharis azurea*
5. *Hemianthus callitrichoides*
6. *Hydrocotyle leucocephala*
7. *Juncus repens*
8. *Microsorum pteropus*
9. *Microsorum* „Narrow“

Tierbesatz

1. *Hyphessobrycon flammeus*
2. *Neocaridina* sp. Blue
3. *Crossocheilus siamensis*

Dave Chow
2008

Titel **FLIES THE DRAGON**
Format 120 cm x 60 cm x 45 cm
Award ADA IAPLC 2008 Ehrenpreis: 49
AGA 2008 Aquatic Garden – Extra Large: Erster Platz
AGA 2008 Aquatic Garden – Extra Large: Best of Show

Pflanzen
1. *Cyperus helferi*
2. *Echinodorus tenellus*
3. *Fissidens fontanus*
4. *Microsorum* „Narrow“
5. *Microsorum pteropus* „Philippine“
6. *Riccia fluitans*
7. *Rotala* sp. „Vietnam“
8. *Vallisneria spiralis* „Tiger“

Tierbesatz
1. *Otocinclus affinis*
2. *Hyphessobrycon herbertaxelrodi*
3. *Crossocheilus siamensis*

Dave Chow
2010

Titel	**LOFTY SPIRIT**
Format	200 cm x 66 cm x 66 cm
Award	ADA IAPLC 2010 Ehrenpreis: 18

Pflanzen

1. *Rotala* sp. „Vietnam“
2. *Anubias barteri* var. *nana*
3. *Cratoneuron filicinum*
4. *Cyperus helferi*
5. *Elatine triandra*
6. *Fissidens fontanus*
7. *Hydrocotyle tripartita*
8. *Staurogyne* sp.
9. *Vallisneria spiralis* „Tiger“
10. *Vesicularia ferriei*

Tierbesatz

1. *Crossocheilus siamensis*
2. *Neocaridina* sp.
3. *Otocinclus affinis*
4. *Puntius denisonii*

Alan Chan
2008

Titel **GREEN PATH**
Format 60 cm x 30 cm x 36 cm
Award ADA IAPLC 2008
Preisgekröntes Werk: 98

Pflanzen
1. *Anubias barteri* var. *nana* „Petite“
2. *Eleocharis acicularis*
3. *Eleocharis parvula*
4. *Microsorum* „Narrow“
5. *Vesicularia* sp. Taiwan
6. *Vesicularia montagnei*

Tierbesatz
1. *Rasbora heteromorpha*
2. *Crossocheilus siamensis*
3. *Puntius denisonii*

Das richtige Timing

Auch ein Aquascape ist vergänglich. Um seine Standzeit zu verlängern, müssen wir wissen, wie man die Faktoren beeinflussen kann, die das Pflanzenwachstum steuern. Diese hängen in hohem Maße davon ab, wann man die notwendigen Pflegearbeiten durchführt. Die Pflege lässt sich in drei Punkte einteilen:

- Überwachung der Wasserqualität
- Düngung
- Rückschnitt

Der Lebenszyklus eines Aquascapes beginnt mit der Einrichtung. Dann entwickelt es sich zu seiner vollen Schönheit, bevor einige Pflanzen wieder Rückschritte machen. Wenn man einen Soil-Bodengrund verwendet, kann diese Standzeit zwei bis drei Jahre währen, wenn man Kies oder Sand verwendet, auch länger. Für einen aktiven Soil spricht dennoch, dass er die Wasserqualität in einem für die meisten Wasserpflanzen optimalen Bereich stabil hält.

Jedes Aquascape ist einmalig. Auch wenn die Hardware dieselbe ist, auch wenn dieselben Pflanzen- und Tierarten eingesetzt werden – der Wuchs wird immer unterschiedlich sein, ebenso wie das Verhalten der Tiere. Manchmal fressen die Pflanzenfresser im Besatz tatsächlich nur Algen, manchmal gehen sie aber auch an die Endknospen der Pflanzen. Kein Becken ist wie das andere, daher kann es auch keine in Erz gegossenen Regeln zur Pflege geben. Man muss auf jede Veränderung achten und spezifisch darauf reagieren. Ein Aquarium ist ein biologisches System, in dem alle Faktoren voneinander abhängen. Die Häufigkeit der Wasserwechsel beeinflusst die Düngergaben in Häufigkeit und Menge, und auch die Wuchsstärke der Pflanzen und damit der Rückschnitt hängen damit zusammen. Wenn wir alle diese Faktoren im Auge behalten, können wir unser Aquascape länger als Biotop für alle Tiere und Pflanzen darin erhalten.

Überwachung der Wasserqualität

Dafür ist viel Zubehör erhältlich; in jedem Zoofachgeschäft gibt es ausreichend Hilfsmittel, mit denen sich für Pflanzen optimale Wasserwerte einstellen lassen, sowohl chemischer als auch biologischer Art. Natürlich braucht man immer auch die entsprechenden Geräte. Chemische Hilfsmittel zeigen eine schnelle Wirkung, verfliegen aber ihrer Natur nach auch ebenso schnell wieder und müssen gegebenenfalls neu eingebracht werden. Biologische Hilfsmittel wirken eher langsam, aber nachhaltiger. Eine Kombination aus diesen Maßnahmen verhilft uns zu Wasserwerten, die für die meisten Pflanzen das Optimum darstellen. Als wichtige Indikatorwerte gelten der pH-Wert, die Karbonathärte (KH) und die Gesamthärte (GH). Aber auch Verbindungen aus dem Stickstoffkreislauf wie Ammonium, Nitrit und Nitrat sind wichtig. Wasser ist ein Lösungsmittel; fast jeder Stoff reagiert damit. In ein offenes Becken kann allerhand Unerwünschtes gelangen, Insektenspray und Raumspray sind nur zwei Beispiele. Sie können auch schon in kleinen Mengen den Wirbellosen wie Garnelen und Schnecken im Aquarium schaden, und sie sind im Wasser mit einer Standardausrüstung aus dem Zoofachgeschäft nicht nachweisbar. Wenn der Verdacht besteht, dass solche Stoffe ins Becken gelangt sind, muss vorsichtshalber ordentlich Wasser gewechselt werden; dasselbe gilt, wenn versehentlich Dünger oder ein Medikament überdosiert wurde oder wenn sich die Wasserwerte stark verändert haben.

Wasserpflanzen können ohne Wasser nicht überleben – aber Wasser ist nicht gleich Wasser. Je nach Gegend kann es auch in der Natur sehr unterschiedliche Werte aufweisen. In manchen Biotopen schwankt die Wasserqualität, weil das Wasser nach starken Gewitterregen aussüßt oder weil die Temperaturdifferenz zwischen Tag und Nacht sehr groß ist. Dort im Biotop haben die Pflanzen damit auch überhaupt keine Probleme, weil sie an diese Bedingungen angepasst sind. In der Wasserpflanzengärtnerei herrschen dann schon wieder ganz andere Umstände. Pflanzen aus einer Gärtnerei sind bereits an eine künstliche Umgebung gewöhnt, an unterschiedliche Wasserwerte und so weiter. Daher müssen diese Wasserwerte auch im Aquarium nicht ganz so wichtig genommen werden – sie stellen lediglich Richtlinien dar, keine in Erz gegossenen Gesetze. Oft tolerieren die Pflanzen deutlich stärker abweichende Werte, als wir erwarten würden. Bei gleichbleibender Wasserqualität kann sich die Pflanze auf die in ihrem jetzigen Lebensraum herrschenden Bedingungen einstellen. Die Wasserqualität entscheidet sich schließlich nicht nur an den gemessenen Werten; auch die Strömung spielt eine wichtige Rolle. Heutzutage sind die gängigen Filter leistungsfähig genug, für gutes Wasser zu sorgen – wenn jedoch dieses gefilterte Wasser nicht überall im Becken ankommt, kommt es an manchen Stellen zu einer schleichenden Verschlechterung. Sollte dies geschehen, so muss in den Zonen, in denen das Wasser steht (wie weiter vorn bereits erwähnt), gezielt beim Wasserwechsel abgesaugt werden. Es gibt keine feste Regel, in welchen Abständen und wie viel Wasser gewechselt werden sollte, oder welche Werte von den Pflanzen noch toleriert werden – daher muss man sein Aquarium gut beobachten und eingreifen, wenn man bemerkt, dass es Zeit dafür ist.

Die Düngung

WACHSTUMSFAKTOREN

Eine Pflanze braucht Wasser, Licht und Nährstoffe. Pflanzendünger ist der einfachste Weg, wie wir Nährstoffe ins Becken bringen. Im Aquarium stammt außerdem eine große Menge der Nährstoffe aus dem Abbau organischer Substanzen, zum Beispiel aus Ausscheidungen der tierischen Bewohner. In der Natur werden die Ansprüche der Pflanzen durch die Sonne, fließendes Wasser oder Regen und durch aus dem Boden ausgewaschene Nährstoffe gedeckt. Im Aquarium müssen wir als Halter dafür sorgen, dass den Pflanzen alles zur Verfügung steht, was sie benötigen. Für gesunden Wuchs muss zur richtigen Zeit der richtige Nährstoff in der richtigen Form bereitgestellt werden, und die essenziellen Faktoren für das Pflanzenwachstum, also Beleuchtung, Düngung, Temperatur und natürlich vor allem das Wasser müssen passen.

KÜNSTLICHES SONNENLICHT

Wasserpflanzen wachsen in der Natur an unterschiedlichen Standorten, in Habitaten mit unterschiedlichen Bedingungen, bei verschiedenen Lichtverhältnissen. Manche Pflanzen fühlen sich im lichten Schatten wohl, andere brauchen direktes Sonnenlicht. Andere wiederum können sich an verschiedene Bedingungen anpassen, indem sie beispielsweise ihre Blattform oder -färbung ändern. Ein Layout ist um einiges einfacher zu pflegen, wenn man Pflanzen mit denselben Ansprüchen dafür verwendet und die Gestaltung an die Gegebenheiten in den natürlichen Biotopen der Pflanzen anlehnt. Oft verwendet man aber in einem Aquascape Pflanzen mit verschiedenen Ansprüchen, insbesondere an die Lichtstärke. Dann ist es wichtig, sie so anzuordnen, dass alle Pflanzen das für sie passende Licht bekommen – eignen sie sich für schattige Bereiche, oder brauchen sie volles Licht? Entsprechend sollten sie eingesetzt werden.

ENTSCHEIDENDE FAKTOREN FÜR DAS WACHSTUM

Es gibt einen sehr großen Unterschied zwischen der ausgewogenen und der schnellen Methode, man könnte auch Lowtech- und Hightech-Methode dazu sagen. Viele Aquarianer möchten ein System schaffen, das sich als Kreislauf praktisch selbst versorgt, und geben daher nur wenig Dünger zu. Auch der Pflegeaufwand ist bei diesem Ansatz reduziert. Andere wiederum optimieren die Düngerzufuhr, um ein möglichst schnelles Pflanzenwachstum zu erreichen. Für ein Aquascape-Layout kann man diese Methoden jedoch nicht uneingeschränkt übernehmen. Natürlich muss die Beckenbiologie im Gleichgewicht sein, aber das Pflanzenwachstum und die Form, in welcher die Pflanzen wachsen, sind ebenso wichtig; außerdem sollten in einem Aquascape die Pflanzen alle zur möglichst selben Zeit ihr optimales Aussehen erreichen. Daher müssen wir einen Weg finden, wie die Wachstumsfaktoren Licht und Nährstoffzufuhr ausgenutzt werden können, um das Pflanzenwachstum zu fördern oder einzuschränken.

Eric Cheng „Home." Rotala rotundifolia, durch die hohe Lichtstärke wächst die Pflanze bogenförmig

Es gibt verschiedene Düngemittel, die sich unterschiedlich auf den Pflanzenwuchs auswirken; Dünger mit unterschiedlichen Inhaltsstoffen, Flüssig- oder Wurzeldünger, selbst die Dosierung und die Häufigkeit der

Alan Chan „Tranquil Forest"

Didiplis diandra unter starker Beleuchtung und bei guter Düngung

Wayne Sham „Wind, Forest, Fire and Mountain"

Düngergaben kann eine Rolle spielen. Es gibt auch hier keine feste Regel – man sollte seine Pflanzen gut beobachten und nach Bedarf reagieren. In unterschiedlichen Becken kann sich ein und dieselbe Dosierung vollkommen anders auswirken. Bei buntlaubigen Aquarienpflanzen wie *Didiplis diandra* und *Rotala rotundifolia* „red" werden die Blätter beispielsweise nur dann rot, wenn die Bedingungen im Ganzen stimmen. Bei verschiedenen Beleuchtungsstärken und Düngerkonzentrationen treten sehr unterschiedliche Rottöne auf.

Die Pflanzen verbrauchen die im Soilboden enthaltenen Nährstoffe, und dadurch nimmt der Nährstoffgehalt ab. Pflanzen, die häufig zurückgeschnitten werden, nehmen tendenziell mehr Nährstoffe über die Wurzeln auf. Wenn der Bodengrund schon einige Zeit im Aquarium ist und das Wachstum der Pflanzen nach einem Rückschnitt stagniert, obwohl sich augenscheinlich nichts geändert hat, kann man davon ausgehen, dass ihnen nicht mehr ausreichend Nährstoffe zur Verfügung stehen. Knollenpflanzen wie *Aponogeton* ziehen sich in einer nährstoffarmen Umgebung zu einer Ruhephase zurück, bis die Umstände für sie wieder günstiger sind.

Für Wasserpflanzen gibt es nicht viele Wurzeldünger auf dem Markt, und nur die wenigsten davon führen gezielt nur einen Nährstoff zu. Wenn der Soil-Bodengrund erschöpft ist, kann man natürlich trotzdem Wurzeldünger zugeben, allerdings kann sich so das Nährstoffgleichgewicht verschieben. Wenn man also auf lange Sicht mit einem soilbasierten Bodengrund arbeiten möchte, sollte man in Erwägung ziehen, das Substrat nach einem oder zwei Jahren komplett auszutauschen – nur so kann man sichergehen, dass die Nährstoffe ausgewogen vorliegen. Bei Kies oder Sand muss man unter Umständen das komplette Substrat beiseite räumen, um den Düngebodengrund zu ersetzen. Natürlich könnte man auch nur den Düngebodengrund rund um die betreffenden Pflanzen ersetzen. Wir empfehlen dafür einen Volldünger oder einen Eisenvolldünger. Aufpassen sollte man bei Einzelnährstoffdüngern – oft enthalten sie trotz des Namens nämlich alle Nährstoffe, nur von dem einen besonders viel.

Der Rückschnitt

RÜCKSCHNITT – WARUM ÜBERHAUPT?

Wasserpflanzen wachsen, und beim Rückschnitt wird bei Umfang und Höhe das entfernt, was zu sehr zugenommen hat. Verschiedene Pflanzen haben einen unterschiedlichen Wuchs, und dieselbe Pflanzenart kann sogar im selben Becken unterschiedlich stark wachsen, wenn die Standorte sich unterscheiden. Die Wuchsraten hängen von mehreren Faktoren ab. Günstige Bedingungen sorgen für schnelleren Wuchs als ungünstige; wenn also die Pflanzen langsamer wachsen, kann man daraus ablesen, dass sie sich an veränderte Umstände anpassen, oder dass die Umstände für sie generell nicht günstig sind. Pflanzen reagieren auf veränderte Umweltbedingungen nämlich mit einer Umstellungsphase.

Eigentlich sind alle Pflanzen, die wir im Aquarium einsetzen, sogenannte Makrophyten, also Wasser- oder Sumpfpflanzen, die jeweils charakteristische Wuchseigenschaften aufweisen. Ihre Überwasserform unterscheidet sich oft stark von der Unterwasserform. Die meisten Stängelpflanzen wachsen senkrecht in Richtung Wasseroberfläche, Schwimmpflanzen bilden dichte Polster an der Wasseroberfläche, Moos verzweigt sich stark. Schnellwachsende Stängelpflanzen wachsen sehr schnell, wenn bei schwachem Licht viel Dünger zur Verfügung steht; allerdings werden die Stängel dann zwar hoch, sind aber schwach und weich. Wenn wir eine Schattenpflanze wie Javafarn in Starklicht setzen, werden die Blätter schmal und dünn. Unter verschiedenen Bedingungen entwickeln sich Pflanzen also unterschiedlich. Bei Nährstoffmangel oder auch bei hohen Temperaturen entwickeln sie beispielsweise mehr, aber kleinere Knospen, damit die nächste Generation in diesen veränderten Umweltbedingungen eine höhere Überlebenschance hat.

Wenn man diese Eigenschaften der jeweiligen Pflanzen kennt, kann man sie so zurückschneiden und wieder einpflanzen, dass sie gut zur Entwicklung des Aquascapes passen. Die schwachen Teile werden entfernt, und nur die gesunden Pflanzenteile werden wieder eingesetzt. Auch kann man durch einen gezielten Rückschnitt die Pflanzen zum Verzweigen anregen. Selbst wenn man „nur“ ein bepflanztes Aquarium mit gesunden Pflanzen und gar nicht gleich ein Aquascape haben möchte, ist der Rückschnitt ein absolutes Muss.

Eric Cheng „Hyphessobrycon callistus World“, die runde Form wurde durch gezielten Rückschnitt erreicht

Alan Chan „The Two Towers“, Stängelpflanzen unter starker Beleuchtung

Eric Cheng „The Full Blosson 1" & „The Full Blosson 2", die Stängelpflanzen verzweigen sich nach dem Schnitt nur an der Spitze.

Kleinere Pflanzen erhalten auf diese Weise ausreichend Licht und werden nicht von ihren wüchsigeren Nachbarn überschattet, und auch der Wasserfluss wird dann nicht von zu dicht wachsenden Pflanzen behindert. Daher ist der richtige Rückschnitt mit am wichtigsten für ein Aquascape, das lange stehen soll.

WANN UND WIE WIRD GESCHNITTEN?

Wir haben jetzt also festgestellt, dass der richtige Rückschnitt entscheidend ist. Der Zeitpunkt lässt sich aber nicht genau festlegen – es kommt auf den Zweck an. Wollen wir schneiden, weil wir schwache Triebe entfernen wollen, sodass alles Gesunde, Starke stehen bleibt, ist der richtige Zeitpunkt von untergeordneter Bedeutung. Wenn wir aber ein Aquascape aus optischen Gründen schneiden, müssen wir genau darauf achten, wo die Knospen sitzen und in welche Richtung der Trieb weiterwachsen soll. Wir müssen auch eingreifen, wenn die Verzweigung der Pflanzen zu stark oder nicht dicht genug ist.

Ein Aquascape wird mit jedem Mal Schneiden nachgearbeitet; besonders wichtig sind die letzten beiden Male, bevor das Aquarium den optimalen Zeitpunkt für ein Foto erreicht hat; danach wird es nie wieder so aussehen. Es gibt einige sehr wichtige Punkte, die man beim Rückschnitt beachten sollte, um bei einer Pflanze die optimale Form zu erreichen: 1) das richtige Timing; 2) die richtige Wuchsdichte; 3) die Position der Pflanze und ihre Höhe. Diese drei Faktoren sind für den Rückschnitt entscheidend. Knospenverteilung und Gesundheit der Pflanzen hängen eng zusammen. Wenn man nicht zur richtigen Zeit stutzt, kann es passieren, dass das Aquascape an sich wunderbar aussieht und sich gut entwickelt – nur an einer Stelle nicht, weil der Rückschnitt nicht gepasst hat. Wenn dieser Teil dann sein optimales Aussehen erreicht, ist der Rest schon darüber hinweg. Man kann sich also vorstellen, dass ein falscher Schnitt die Wirkung eines Aquascape stark beeinträchtigen kann.

Die Schnittmethode hängt vom Pflanzentyp ab:

Stängelpflanze: Die meisten Stängelpflanzen kann man einfach zurückschneiden. Sie treiben aus dem Knoten unterhalb des Schnitts wieder aus; manchmal sogar aus zwei Knospen, sodass sich die Pflanze verzweigt. Die abgeschnittenen Spitzen kann man in den Bodengrund stecken, sie bewurzeln wieder.

Blatt- und Knollenpflanzen: Diese Pflanzen haben im Regelfall kürzere Blattstängel, und alle Blätter entspringen aus einer gemeinsamen Mitte. Paradebeispiele sind *Aponogeton* und *Cryptocoryne.* Reste abgeschnittener Stängel sterben ab, diese Pflanzen verzweigen sich nicht an den Blattstängeln, sondern treiben lediglich aus der Mitte neu aus. Manchmal treibt seitlich eine Tochterpflanze; sie kann man entfernen und neu einpflanzen, wenn sie ungefähr 5 bis 10 cm lang ist.

Kriechende Pflanzen und Bodendecker: Diese Pflanzen haben dieselben Eigenschaften wie Stängelpflanzen; die Knospen unterhalb der Schnittstelle treiben nach dem Rückschnitt aus.

Moosartige: Alle Moose treiben aus ihren dünnen Stängeln neu aus; sie kann man beliebig beschneiden, sie treiben bereitwillig aus. Es ist also nicht schwer, Moos in der gewünschten Form zu erziehen.

Verschiedene Pflanzentypen benötigen unterschiedliche Schnittmethoden.

Ein Rückschnitt kann die Wachstumsgeschwindigkeit einer Pflanze beeinflussen. Die ersten Male helfen der Pflanze, sich besser zu verzweigen, aber wenn man zu stark oder zu oft zurückschneidet, wird sie geschwächt. Sie stirbt zwar nicht ab, aber ihre Blätter bleiben dann sehr viel kleiner.

Die meisten Pflanzen verfallen nach dem Rückschnitt erst einmal in eine Art Ruhephase. Sie nehmen dann weniger Nährstoffe auf. Ein solcher Eingriff stellt nämlich zunächst einmal eine Verletzung dar, die erst verheilen muss, bevor das Wachstum weitergehen kann. Bei sehr stark zurückgeschnittenen Pflanzen kann es zum Blattabwurf kommen, manchmal bleibt auch nur ein Stängel stehen. Daran sollte man die Düngergaben anpassen (es sei denn, man hätte noch ausreichend nicht zurückgeschnittene Pflanzen im Becken); ansonsten kann es zu Algenproblemen oder einer Verschlechterung der Wasserqualität kommen.

Während der Zeit unmittelbar nach dem Rückschnitt nimmt die Pflanze keine Nährstoffe aus dem Wasser auf; sie verbraucht gespeicherte Nährstoffe oder nimmt sie durch ihre Wurzeln auf. Wenn die ersten Knospen austreiben, steigt auch die Nährstoffaufnahme wieder auf das Normalniveau. Man kann dem Wasser Pflanzenhormone beifügen, um die Erholungsphase der Pflanzen zu verkürzen und zu stark zurückgeschnittene Pflanzen zu stärken.

Dies war nur ein kurzes Abriss, wie Pflanzen auf einen Rückschnitt reagieren und wie wir ihre Wuchsform beeinflussen können. Ein genauer Blick auf ein Aquarienfoto oder ins Aquarium selbst verrät uns, ob und wie gut der Aquascaper seinen Rückschnitt zeitlich anpasst und ob er eine gute Schnittechnik hat. Daran, welche Pflanzen er wählt, wie sie verteilt wurden und in welchem Zustand sie sind, kann man erkennen, inwieweit sich der Gestalter des Aquascape in die Bedürfnisse der Pflanzen eingearbeitet hat.

能

Gary Wu

2010

Titel VINE
Format 152 cm x 51 cm x 58 cm
Award ADA IAPLC 2010 Ehrenpreis: 20

Pflanzen

1. *Bolbitis heudelotii*
2. *Echinodorus tenellus*
3. *Elatine triandra*
4. *Eleocharis parvula*
5. *Hydrocotyle tripartita*
6. *Staurogyne* sp.
7. *Vesicularia* sp.

Tierbesatz

1. *Caridina multidentata*
2. *Carinotetraodon travancoricus*
3. *Clithon* sp. Burnble
4. *Crossocheilus siamensis*
5. *Hyphessobrycon herbertaxelrodi*
6. *Neocaridina* sp. „Blue“
7. *Otocinclus affinis*

Eric Cheng

2006

Titel **VIRGIN SLOPE**
Format 150 cm x 53 cm x 57 cm

Pflanzen

1. *Blyxa japonica*
2. *Cratoneuron filicinum*
3. *Hemianthus callitrichoides*

Tierbesatz

1. *Nannostomus beckfordi*
2. *Hyphessobrycon amandae*
3. *Otocinclus affinis*
4. *Crossocheilus siamensis*
5. *Neocaridina* sp. „Blue“
6. *Neritina natalensis*

Alan Chan
2009

Titel	**SILENT FOREST**
Format	60 cm x 30 cm x 36 cm
Award	ADA IAPLC 2009 Preisgekröntes Werk: 87

Pflanzen

1. *Cyperus helferi*
2. *Taxiphyllum* sp. „Flame Moss“
3. *Vesicularia* sp. „Christmas“

Tierbesatz

1. *Hemigrammus rhodostomus*

Eric Cheng
2011

Titel **HEAVEN**
Format 150 cm x 53 cm x 57 cm

Pflanzen

1. *Ammannia gracilis*
2. *Echinodorus tenellus*
3. *Eichhornia diversifolia*
4. *Glossostigma elatinoides*
5. *Hemianthus micranthemoides*
6. *Heteranthera zosterifolia*
7. *Ludwigia inclinata* var. *verticillata* „Cuba“
8. *Microsorum* „Narrow“
9. *Nesaea crassicaulis*
10. *Rotala macrandra* „Green“
11. *Rotala macrandra* „Mini“
12. *Rotala rotundifolia* „Green“
13. *Rotala rotundifolia* „Red“
14. *Rotala* sp. „Vietnam‘
15. *Rotala wallichii*
16. *Staurogyne repens*
17. *Vallisneria spiralis*

Tierbesatz

1. *Rasbora heteromorpha*

Harry Kwong
2004

Titel **LITTLE GREEN FIELD**
Format 60 cm x 20 cm x 19 cm
Award AGA 2004 Aquatic Garden – Small: Zweiter Platz

Pflanzen
1. *Anubias barteri* var. *nana* „Petite"
2. *Echinodorus* sp.
3. *Eleocharis azurea*
4. *Eusteralis stellata* sp.
5. *Hemianthus callitrichoides*
6. *Vesicularia* sp.

Tierbesatz
1. *Hyphessobrycon flammeus*

Harry Kwong

2006

Titel DANCING IN THE WOOD

Format 70 cm x 43 cm x 46 cm

Pflanzen

1. *Ammannia multiflora*
2. *Bolbitis heudelotii*
3. *Ludwigia brevipes*
4. *Nymphaea lotus* var. *viridis*
5. *Vallisneria spiralis*

Tierbesatz

1. *Paracheirodon innesi*
2. *Otocinclus affinis*

Tony Wong
2009

Titel	**SOYOU CANYON**
Format	90 cm x 45 cm x 45 cm
Award	ADA IAPLC 2007 Preisgekröntes Werk: 47 CTA China 2009: Fünfter Platz

Pflanzen

1. *Hemianthus micranthemoides*
2. *Ludwigia brevipes*
3. *Rotala pusilla* „From Goias"
4. *Vesicularia* sp.

Tierbesatz

1. *Hyphessobrycon sweglesi*
2. *Nannostomus erythrurus*
3. *Otocinclus vittatus*

Das richtige Timing

Tony Wong

2010

Titel FLYING IN THE FOREST
Format 90 cm x 45 cm x 45 cm

Pflanzen

1. *Cyperus helferi*
2. *Echinodorus tenellus*
3. *Eleocharis* „parvula"
4. *Fissidens fontanus*
5. *Microsorum* „Narrow"
6. *Rotala rotundifolia* „Green"
7. *Rotala* sp.
8. *Rotala wallichii*
9. *Taxiphyllum* sp.
10. *Vesicularia* sp. „Christmas"

Tierbesatz

1. *Caridina* cf. *cantonensis* „Tiger"
2. *Otocinclus affinis*
3. *Paracheirodon simulans*

Justin Law
2005

Titel **BREEZE OF WILD**
Format 45 cm x 22 cm x 30 cm

Pflanzen
1. *Eleocharis* „parvula"
2. *Eleocharis* sp. „parvula"
3. *Hemianthus callitrichoides*

Tierbesatz
1. *Nannostomus beckfordi*
2. *Neocaridina* sp.
3. *Paracheirodon axelrodi*
4. *Crossocheilus siamensis*

Justin Law
2006

Titel WALKING AOYAMA
Format 45 cm x 22 cm x 30 cm

Pflanzen
1. *Hemianthus callitrichoides*
2. *Monosolenium tenerum*

Tierbesatz
1. *Caridina* cf. *cantonensis* „Tiger“
2. *Caridina* cf. *cantonensis* „Crystal Red“
3. *Hemigrammus armstrongi*
4. *Neocaridina heteropoda* „Red“
5. *Neocaridina* sp. „Blue“
6. *Otocinclus*
7. *Crossocheilus siamensis*

Alan Chan
2010

Titel **HARMONIOUS MOMENT**
Format 120 cm x 60 cm x 50 cm

Pflanzen
1. *Eleocharis* „parvula“
2. *Eleocharis acicularis*
3. *Hemianthus callitrichoides*
4. *Hemianthus micranthemoides*
5. *Ludwigia brevipes*
6. *Riccia fluitans*
7. *Rotala rotundifolia* „Green“
8. *Rotala rotundifolia* „Red“

Tierbesatz
1. *Caridina multidentata*
2. *Otocinclus affinis*
3. *Paracheirodon simulans*

Barry Lui

2009

Titel **FOREST BLUE**
Format 46 cm x 27 cm x 26 cm

Pflanzen

1. *Hemianthus micranthemoides*
2. *Rotala rotundifolia* „Green“
3. *Bolbitis heudelotii*
4. *Vesicularia* sp. „Christmas“
5. *Microsorum pteropus* „Windeløv“
6. *Microsorum* „Narrow“
7. *Anubias barteri* var. *nana*

Tierbesatz

1. *Aplocheilichthys normani*
2. *Clithon* sp. Burnble

ADA und das Naturaquarium

Wenn man übers Aquascaping spricht, und insbesondere über das naturnahe Aquascaping, dürfen Takashi Amano und seine Firma Aqua Design Amano (ADA) nicht fehlen.

Im letzten Jahrzehnt haben Takashi Amano und ADA sich der Entwicklung ästhetisch anspruchsvoller Zubehörprodukte für Aquascaping-Layouts gewidmet. Die Marke Nature Aquarium (NA) hat einen großen Einfluss auf dieses Hobby, und der Stil des Naturaquariums dominiert den Trend bei den Layouts schon seit Langem.

In den Aquariengestaltungen von Takashi Amano zeigt sich nicht nur die volle Schönheit der Pflanzen unter Wasser, sie haben auch ein sehr natürliches Flair. Nicht nur seine Iwagumi-Layouts zeigen eine sehr friedvolle Welt – folgen Sie uns auf eine Reise durch die Schönheit.

Layout und Foto
Takashi Amano

Aufnahme April 2007

Format 90 cm x 45 cm x 45 cm

Beleuchtung GRAND SOLAR I, NAG-150W und NA LAMP 36W Twin, Beleuchtungsdauer 10 Stunden am Tag

Filterung Super Jet Filter ES-600, Bio Rio, NA Carbon

Substrat Aqua Soil Amazonia, Power Sand Special M, Bacter 100, Clear Super, Tourmaline BC, Penac W for Aquarium, Penac P 222

CO_2 Pollen Glass Large 30, CO_2 Beetle Counter, 3 Blasen pro Sekunde

Belüftung Lily Pipe P-4, 14 Stunden während der Beleuchtungspause

Flüssigdüngung Brighty K, Green Brighty STEP 2

Layout und Foto Takashi Amano
Aufnahme Oktober 2007
Format 400 cm x 150 cm x 150 cm

Layout und Foto Takashi Amano
Aufnahme Juli 2003
Format 180 cm x 60 cm x 60 cm

Layout und Foto Takashi Amano
Aufnahme März 1999
Format 350 cm x 75 cm x 75 cm

Das Aquarienzubehör von ADA ist nicht nur funktionell, sondern auch elegant und ansprechend, man könnte es fast als eigenständiges Kunstwerk bezeichnen.

Grand Solar 250

Grand Solar I

Selbstverpflichtung zu Qualität

Die große Erfahrung von Takashi Amano selbst ist die Grundlage für die Entwürfe des Aquarienzubehörs von ADA Nature Aquarium Goods, was man deutlich an der Produktphilosophie und der Qualität ablesen kann.

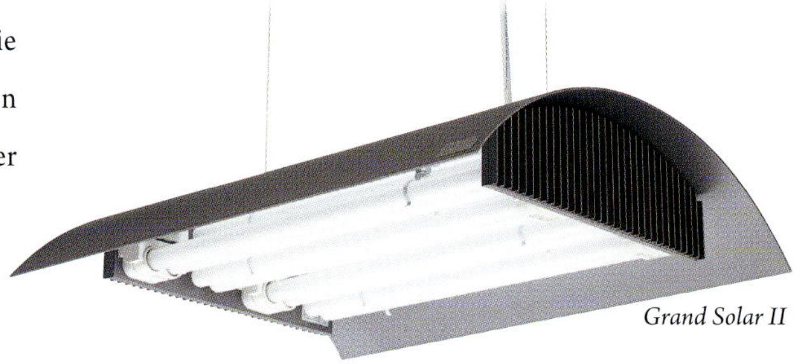

Grand Solar II

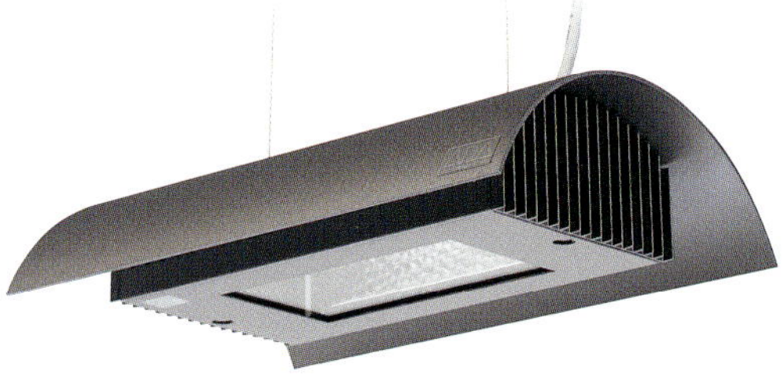

Solar I

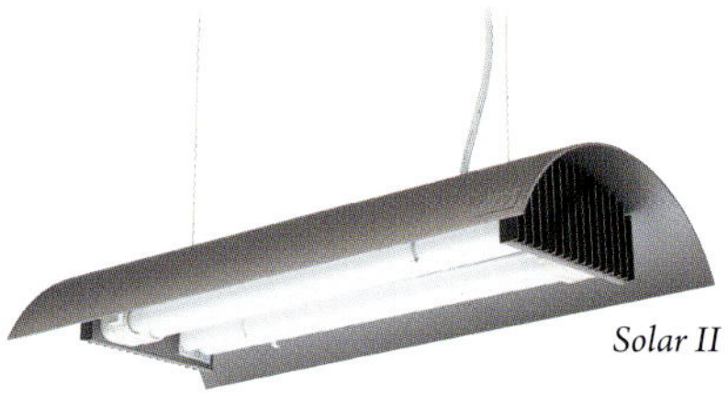

Solar II

Beleuchtungssystem

Die NA LAMP war die allererste fluoreszierende Lampe, die speziell auf die Bedürfnisse von Wasserpflanzen abgestimmt wurde. Sie bringt eine hohe Lichtmenge ins Wasser, und ihr Spektrum betont die Farben der Beckenbewohner und der Bepflanzung optimal. Rotlaubige Pflanzen färben sich sehr schön aus, und die Blattentwicklung aller Wasserpflanzen ist exzellent.

Gestell für Grand Solar

Die Lichtversorgung von Aquarien wurde auch durch die Entwicklung von hoch leistungsfähigen Metalldampflampen in Kombination mit zweilampigen Leuchtstoffröhren bei den Systemen SOLAR & GRAND SOLAR weitergebracht. Die Leistung dieser Systeme hat sich in einer Vielzahl von Aquascapes bewährt, sie bieten eine optimale Beleuchtung für Wasserpflanzen.

Glaswaren

In einem Aquascape wird oft das sorgfältig geplante Layout durch die hässliche, aber notwendige Technik beeinträchtigt; mit schön geformter und eleganter Glasware umgeht man dieses Problem. „Einfach ist am besten“ – diese Politik verfolgt ADA bei seiner Produktentwicklung. Klares, transparentes Glas ist immer noch das beste Material für Zubehör im Naturaquarium, und die ADA-Serien Pollen Glass oder Lily Pipe stehen beispielhaft für diese These. Die transparenten Formen fügen sich gut in das sie umgebende Layout ein und tragen das Ihre zu einer gelungenen Gestaltung bei.

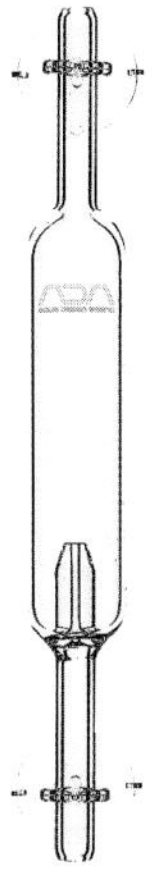
CO_2 Glass Counter (Blasenzähler)

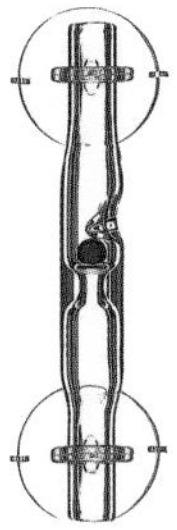
Cabochon Ruby (Rücklaufventil)

Pollen Glass Large 300 (Diffusor)

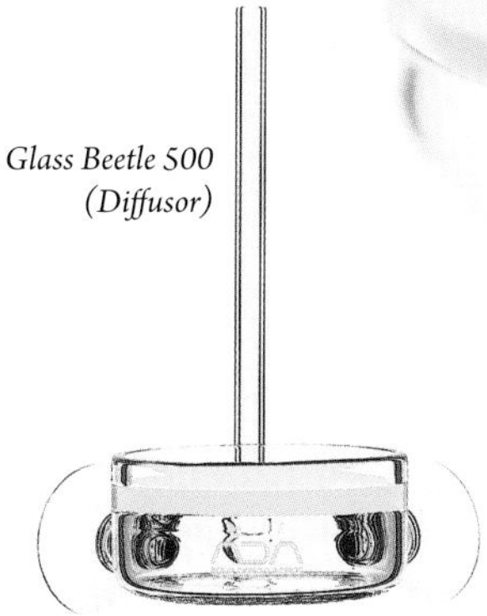
Pollen Glass Beetle 500 (Diffusor)

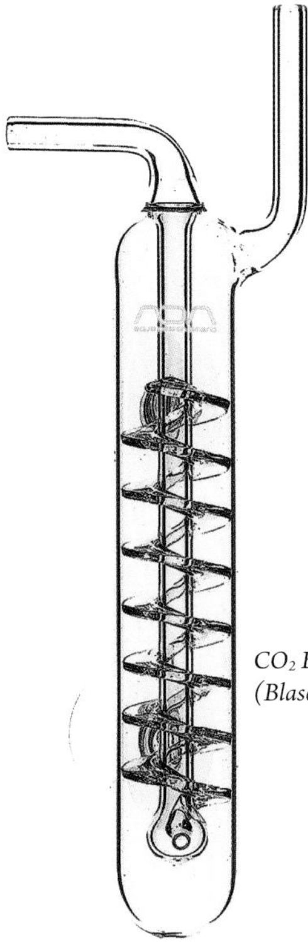
CO_2 Beetle Counter (Blasenzähler)

New Lily Pipe V (Einlauf)

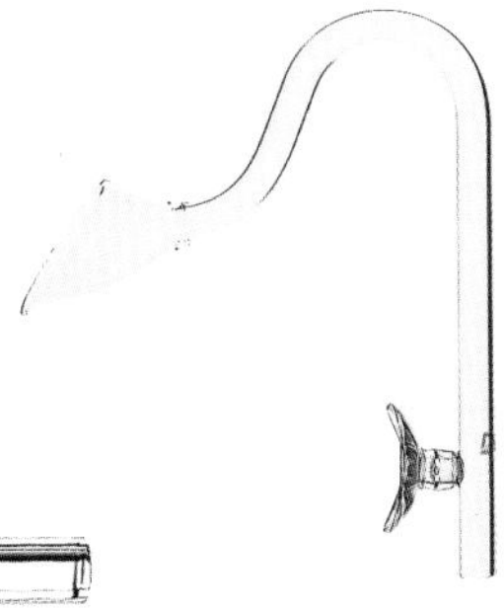
Lily Pipe P (Auslass)

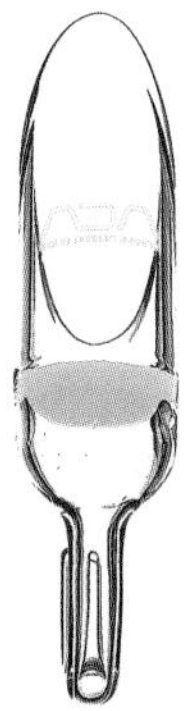
New Pollen Glass (Diffusor)

Softenizer 300

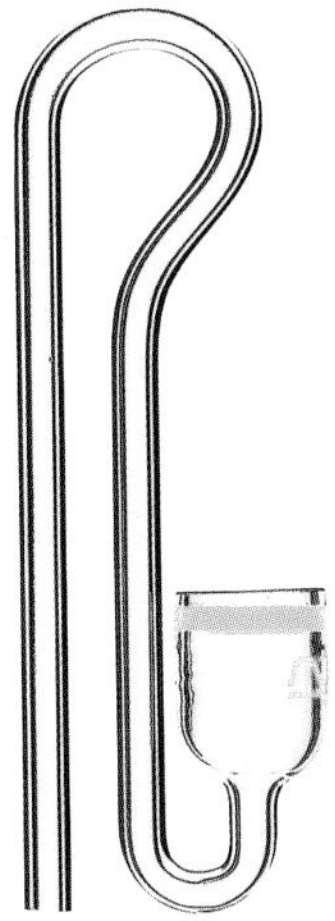
Pollen Glass Mini (Diffusor)

Cube Garden (Aquarium)

Die Schönheit der Form

Werkzeuge für Layout und Pflege

Wenn man ein exzellentes Aquascape erschaffen will, ist es entscheidend, dass die Pflanzen akkurat gesetzt und geschnitten werden können. Die Pinzetten von ADA sind sorgfältig darauf abgestimmt, die Fingerkraft auf die Pinzettenspitze zu übertragen – die Entwickler haben lange und sorgfältig an der exakt richtigen Federkraft gearbeitet. Die Werkzeuge für Layout und Pflege von ADA machen die Arbeit einfacher – selbst dicht zu setzende Pflanzen stellen kein Problem mehr dar. Die verschiedenen Pflanzenscheren wurden in der Form genau an die Anforderungen angepasst, die ein Aquascaper beim Pflanzenschnitt hat. Die Schneiden aus gehärtetem Stahl halten ihre Schärfe dauerhaft, und der Schaden an den Pflanzen ist minimal. Außerdem liegen diese Werkzeuge gut in der Hand.

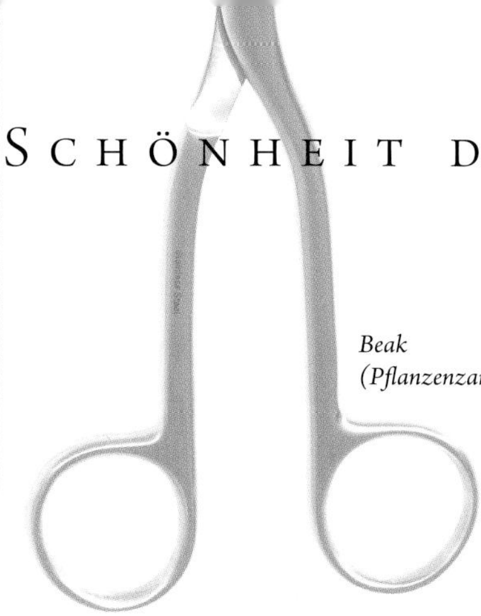

Beak (Pflanzenzange)

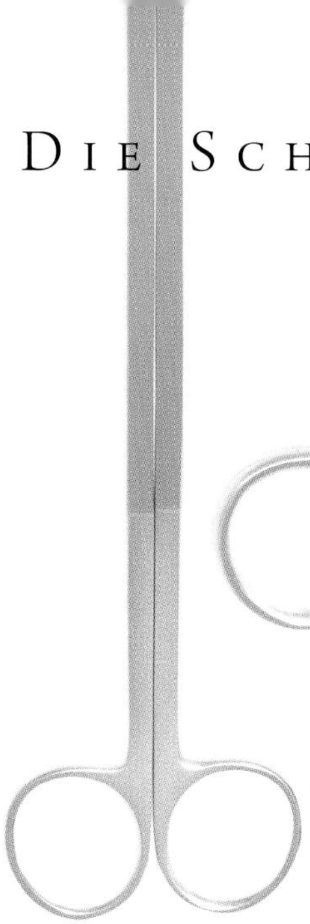

Schere L

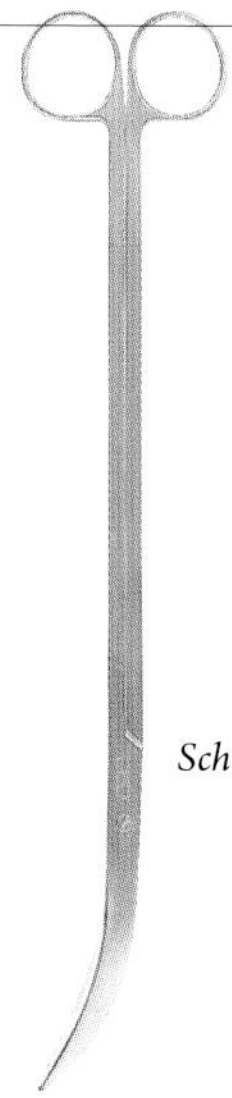

Schere Force

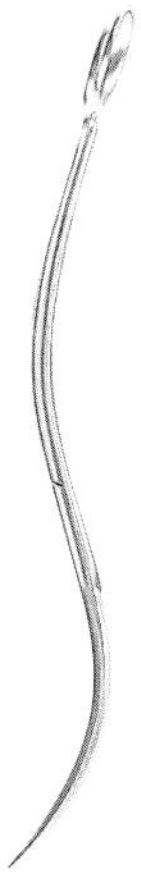

Schere Wave (gebogen)

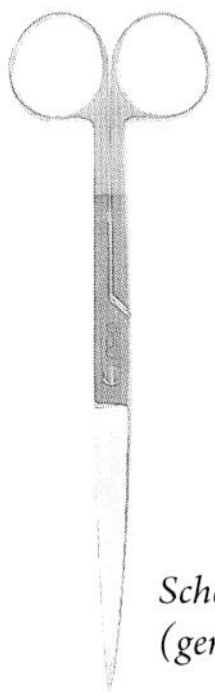

Schere kurz (gerade)

Federschere (gerade)

Pinzette M

Pinzette L

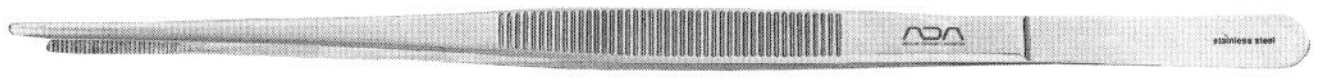

Pinzette Grip M

Pinzette Grip L

Razor (Scheibenreiniger)

Pinzette Curve M

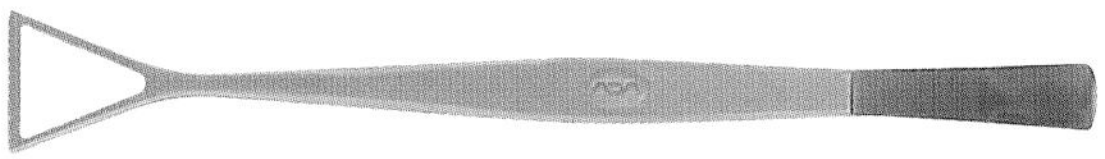

Pinzette Triangle L

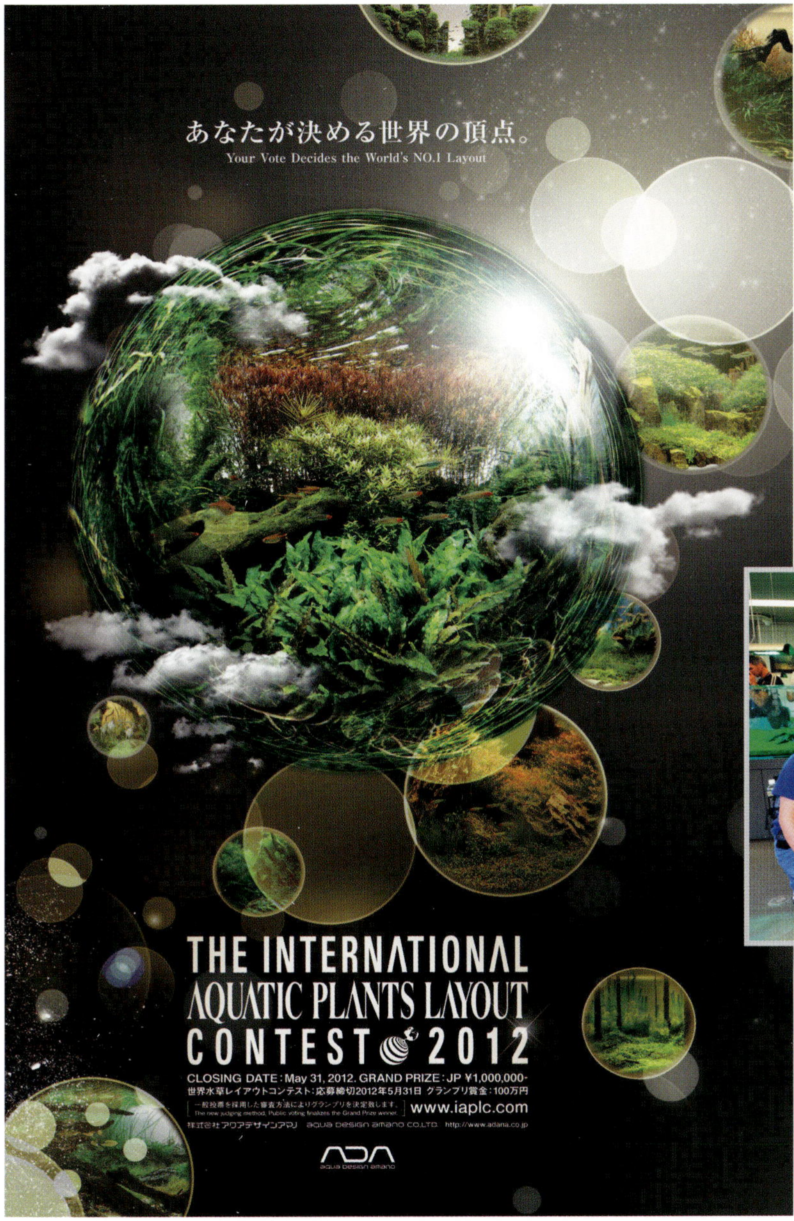

Der Aquascaping-Wettbewerb „International Aquatic Plant Layout Contest" (IAPLC) wird von ADA ausgerichtet. Es handelt sich hier um den größten Layout-Wettbewerb mit der höchsten Dotierung, bei dem renommierte Künstler ihre Werke zeigen – jedes Jahr werden über tausend Fotos von Aquascapes aus aller Welt eingeschickt, und bei der jährlichen Preisverleihung kommen Aquascaper aus aller Herren Länder zusammen. Der IAPLC gilt mittlerweile zu Recht als Aquascaping-Oscarverleihung.

Aquascaper aus aller Welt feiern zusammen und genießen das Bankett.

Die CAU ist mit ihrem Team aus Hongkong vertreten – ein Dreamteam von Aquascapern. Nach der Feier besuchten wir noch die ADA Gallery.

Auch die Mitarbeiter von ADA und Takashi Amano selbst feiern mit.

Bisher war die Jury zusammengesetzt aus den Redaktiosmitgliedern internationaler Aquaristikmagazine, Aquascapern und Geschäftspartnern von ADA. Im zwölften Jahr des Contests jedoch wird das Bewertungssystem reformiert. Im Schaubild rechts zeigen wir, wie die Bewertung ab 2012 gehandhabt wird. Es werden noch mehr Aquascaper als Preisrichter eingeladen – so wird der Wettbewerb noch etwas fairer und auch strenger bewertet.

Die Präsentation ist hoch angesehen.

Die beiden Gewinner des Großen Preises aus Hongkong, Cheng Siu Wai (links, 2008) und Dave Chow (rechts, 2007)

Eines der japanischen Teams zeigt Teamspirit.

DER INTERNATIONAL AQUATIC PLANTS LAYOUT CONTEST 2012

Neues Bewertungssystem – ab 2012 bewerten auch die Teilnehmer der NA Party

Wie bei der Nature Aquarium Party 2011 angekündigt, wird beim International Aquatic Plants Layout Contest 2012 ein neues Bewertungssystem eingeführt. Zusätzlich zu einer Jury bewerten auch die Teilnehmer und Besucher der Nature Aquarium Party in der zweiten, dritten und letzten Stufe des Wettbewerbs. ADA hat dieses neue Bewertungssystem eingeführt, damit auch die Wettbewerber eine Stimme haben. Die letztendliche Weltrangliste entscheidet sich nach der Gesamtsumme der Punkte von Jury und Teilnehmern. Wir warten auf eure Bewerbung!

Mai 2012 – Anmeldeschluss für den IAPLC 2012

1. Bewertungsrunde durch den Lenkungsausschuss des IAPLC 2012

Juli 2012 – Nominierung der Top 200

2. Bewertungsrunde: weltweit über das Internet

A – Teilnehmer / von ADA ausgewählte Aquaristikfachhändler und die Auslandsvertretungen von ADA / Redakteure von Aquaristikmagazinen aus aller Welt

Jeder Teilnehmer erhält ein Passwort und kann sich damit auf der Internetseite des IAPLC anmelden. Dort wählt jeder seine drei Favoriten aus den besten 200 Einsendungen aus und gibt seine Stimme dafür ab. Es werden nur die Bilder der Layouts veröffentlicht und die Beckengröße.

August 2012 – Auswahl der 100 bestbewerteten Layouts aus Runde Zwei.

Oktober 2012

3. Bewertungsrunde

B – Bewertung durch die Preisrichter

Jeder Preisrichter vergibt Punkte an die besten Layouts.

3. Bewertungsrunde

C – Bewertung durch die Teilnehmer an der Nature Aquarium Party

Jeder Teilnehmer wählt die für ihn besten drei aus den Top 100.

Die 7 besten Layouts werden anhand der in Runde zwei und drei erhaltenen Punkte ausgewählt

Endrunde

D – Der Gewinner des Großen Preises wird von allen Teilnehmern an der Nature Aquarium Party gewählt.
Jeder Teilnehmer wählt unter den Top 7 seinen Favoriten aus.

Der Gewinner des Großen Preises wird anhand der Gesamtpunktzahl von Schritt A, B, C und D ermittelt.

Mehr Informationen bei: http://www.IAPLC.com

Zusammenfassung

In diesem Buch findet man keine Formeln und numerischen Analysen, aber eine große Zahl schöner Bilder. Wir wollen hier darauf eingehen, was ein gutes Aquascape ausmacht, und Anregungen für eigene Layouts und Gestaltungen bieten, basierend auf den vier Grundelementen des Aquascaping – „Kreativität", „Ästhetik", „Geschick" und „Timing". Wie der Betrachter nun das Werk beurteilt, hängt in hohem Maße mit seiner Wahrnehmung, seinem kulturellen Hintergrund und seinem Kunstsinn zusammen; es wird keine zwei identischen Meinungen zu einem Aquascape geben, auch wenn manche Gestaltungen besser beim Publikum ankommen als andere, ungewöhnlichere. Gerade die letzteren werden nur von denen geschätzt, die nicht schon eine vorgefasste Meinung haben und etwas Bestimmtes erwarten.

Wenn uns ein Aquascape gefällt und wir uns mit den vier Hauptkriterien schon auseinandergesetzt haben, fällt es uns leichter, die verschiedenen Aspekte des Kunstwerks zu würdigen. Und auch der aktive Scaper wird überrascht sein, auf wie vielen Ebenen sich „Kreativität", „Ästhetik", „Geschick" und „Timing" in einem Aquascape verwirklichen lassen.

Bibliografische Information der Deutschen Bibliothek

Die Deutsche Bibliothek verzeichnet diese Publikation in der Deutschen Nationalbibliografie; detaillierte bibliografische Daten sind im Internet über http://dnb.ddb.de abrufbar.

ISBN 978-3-935175-84-5

Design: Creative Aquascape Union
Übersetzung aus dem Englischen: Ulrike Bauer
Druck: Freiburger Graphische Betriebe
Printed in Germany